高等职业教育"互联网+"土建系列教材

工程造价专业

# 市政工程计价

## （依据2014江苏省市政工程计价定额）

主　编　王　婧　刘大鹏

副主编　张卫伟　陈红杰

　　　　马行耀　郭良娟

SHIZHENG GONGCHENG

JIJIA

 南京大学出版社

**图书在版编目(CIP)数据**

市政工程计价 / 王婧，刘大鹏主编. —南京：南
京大学出版社，2020.8(2024.1重印)
  ISBN 978-7-305-23345-6

Ⅰ. ①市…　Ⅱ. ①王… ②刘…　Ⅲ. ①市政工程—工
程造价—高等学校—教材　Ⅳ. ①TU723.32

中国版本图书馆 CIP 数据核字(2020)第 089856 号

出版发行　南京大学出版社
社　　址　南京市汉口路 22 号　　　邮　编　210093
书　　名　**市政工程计价**
　　　　　SHIZHENG GONGCHENG JIJIA
主　　编　王　婧　刘大鹏
责任编辑　朱彦霖　　　　　　　编辑热线　025-83597482
照　　排　南京开卷文化传媒有限公司
印　　刷　广东虎彩云印刷有限公司
开　　本　787 mm×1092 mm　1/16　印张 12　字数 302 千
版　　次　2020 年 8 月第 1 版　2024 年 1 月第 3 次印刷
ISBN 978-7-305-23345-6
定　　价　38.00 元

网　　址：http://www.njupco.com
官方微博：http://weibo.com/njupco
微信服务号：njutumu
销售咨询热线：(025)83594756

高等职业教育"互联网＋"工程造价专业系列教材

>>> 编委会 <<<

主　任　沈士德（江苏建筑职业技术学院）

副主任　郭起剑（江苏建筑职业技术学院）
　　　　曹留峰（江苏工程职业技术学院）

委　员　（按姓氏笔画排序）
　　　　刘如兵（泰州职业技术学院）
　　　　吴书安（扬州市职业大学）
　　　　张　军（扬州工业职业技术学院）
　　　　张晓东（江苏城市职业学院）
　　　　肖明和（济南工程职业技术学院）
　　　　陈　炜（无锡城市职业技术学院）
　　　　陈克森（山东水利职业学院）
　　　　胥民尧（盐城工业职业技术学院）
　　　　魏　静（江苏建筑职业技术学院）
　　　　魏建军（常州工程职业技术学院）

本书根据工程造价专业人才培养目标，以二级造价师职业岗位能力的培养为导向，同时考虑到市政专业的独立性，以专业知识、职业技能、自主学习能力及综合素质为课程目标，紧密结合职业资格证书中相关考核要求，确定本书的编写内容。

本书可供高等职业教育或本科学校的学生使用，也可供有一定现场工作经验的造价从业人员参考。

本书的特色为：

(1) 体系安排参考《江苏省市政工程计价定额》(2014 版)的章节设置，方便使用者在工作中快速查阅。

(2) 采用江苏省以及国家的最新造价文件为依据编写，体现造价文件的时效性。

(3) 在每个章节前介绍相关工艺基本知识，方便初学者学习。

本书由江苏建筑职业技术学院和浙江建设职业技术学院市政造价专业教师编写，王婧、刘大鹏担任主编，张卫伟、陈红杰、马行耀和郭良娟参加了编写工作。编写分工如下：王婧、马行耀编写第一章、第二章，王婧、刘大鹏编写第三章，陈红杰、张卫伟编写第四章，张卫伟、郭良娟编写第五章，刘大鹏编写第六章。由江苏大彭工程项目管理咨询有限公司的赵宜永高级工程师担任企业顾问。

本书大量引用了相关专业文献和资料，未在书中一一注明出处，在此对相关文献的作者表示感谢。由于编者水平有限，书中难免存在不足之处，诚请读者批评指正。

编 者

2020 年 4 月

>>> 目 录 <<<

# 第一章　市政工程计价概述

## 第一节　工程量清单计价

### 1. 工程量清单的概念

工程量清单是指建设工程的分部分项项目、措施项目、其他项目、规费项目和税金项目的名称和相应数量等的明细清单。工程量清单是由具有编制能力的招标人或受其委托具有相应资质的工程造价咨询人,依据《建设工程工程量清单计价规范》(GB 50500—2013),国家或省级、行业建设主管部门颁发的计价依据和办法,招投标的有关要求,设计文件,与建设工程项目有关的标准、规范、技术资料,招标文件及补充通知、答疑纪要,施工现场情况、工程特点及常规施工方案相关资料进行编制。采用工程量清单方式招标,工程量清单必须作为招标文件的组成部分,其准确性和完整性由招标人负责。

工程量清单应由分部分项工程量清单、措施项目清单、其他项目清单、规费项目清单、税金项目清单组成。

### 2. 工程量清单的作用

工程量清单是工程量清单计价的基础,其作用主要表现在:

(1) 工程量清单是编制工程预算或招标人编制招标控制价的依据;

(2) 工程量清单是供投标者报价的依据;

(3) 工程量清单是确定和调整合同价款的依据;

(4) 工程量清单是计算工程量以及支付工程款的依据;

(5) 工程量清单是办理工程结算和工程索赔的依据。

### 3. 相关术语

(1) 项目编码。项目编码应采用十二位阿拉伯数字表示。一至九位应按规范附录的规定设置,十至十二位应根据拟建工程的工程量清单项目的名称设置,同一招标工程的项目编码不得有重码。

项目编码以五级编码用十二位阿拉伯数字表示。一、二、三、四级为全国统一编码;第五级编码由工程量清单编制人区分具体工程的清单项目特征而分别编码。

(2) 项目特征。指对构成工程实体的分部分项工程量清单项目和非实体的措施清单项目,反映其自身价值的特征而进行的描述。其目的是为了更加准确地规范工程量清单计价中对分部分项工程量清单项目、措施项目的特征描述,便于准确地组建综合单价。

工程量清单项目特征描述的重要意义在于:

① 用于区分计价规范中同一清单条目下各个具体的清单项目;

② 是工程量清单项目综合单价准确确定的前提;

③ 是履行合同义务、减少造价争议的基础。

（3）综合单价。指完成一个规定计量单位的分部分项工程量清单项目或措施清单项目所需的人工费、材料费、施工机械使用费、企业管理费和利润，以及一定范围内的风险费用。

（4）措施项目。指为完成工程项目施工，发生于该工程施工准备和施工过程中的技术、生活、安全、环境保护等方面的非工程实体项目。措施项目清单中的安全文明施工费应按照国家或省级、行业建设主管部门的规定计价，不得作为竞争费用。

（5）暂列金额。指招标人在工程量清单中暂定，并包括在合同价款中的一笔款项，用于施工合同签订时尚未确定或者不可预见的所需材料、设备的采购，施工中可能发生的工程变更、合同约定调整因素出现时的工程款调整以及索赔、现场签证确认等的费用。暂列金额包括在合同价之内但不直接属于承包人，而是由发包人暂定并掌握使用的一笔款项。

（6）暂估价。指招标人在工程量清单中提供的用于支付必然发生，但暂时不能确定价格的材料单价以及专业工程的金额。

（7）计日工。指在施工过程中完成发包人提出的施工图纸以外的零星项目或工作，按合同中约定的综合单价计价。它包括两个含义：一是计日工的单价由投标人通过投标报价确定；二是计日工的数量按发包人发出的计日工指令的数量确定。

（8）现场签证。指发包人现场代表与承包人现场代表就施工过程中涉及的责任事件所做的签认证明。

（9）招标控制价。指招标人根据国家或省级、行业建设主管部门颁发的有关计价依据和办法，按设计施工图纸计算的，对招标工程限定的最高工程造价。其作用是招标人对招标工程的最高限价，其实质是通常所称的"标底"。2013版计价规范为避免与招标投标法关于标底必须保密的规定相违背，统一定义为"招标控制价"。

（10）总承包服务费。指总承包人为配合协调发包人进行的工程分包，对自行采购的设备、材料等进行管理、提供相关服务以及施工现场管理、竣工资料汇总整理等服务所需的费用。

# 第二节　市政工程计价依据

## 一、计价依据

市政工程计价的依据包括：

（1）工程定额、指标等指导性计价依据；

（2）建筑市场人材机信息价格；

（3）企业的经验性依据，比如企业消耗量定额等；

（4）设计图纸、施工组织设计等。

江苏省的"计价依据"是根据国家和省有关规定，结合本省的生产水平和发展因素确定的一系列规定的组合。

江苏省市政工程
计价依据

## 二、市政工程计价依据

### 1. 以江苏省目前采用的计价依据

(1)《建设工程工程量清单计价规范》(GB 50500—2013)

(2)《市政工程工程量计算规范》(GB 50857—2013)

(3)《江苏省建设工程费用定额》(2014 版)

(4)《江苏省市政工程计价定额》(2014 版)

GB 50500—2013

### 2. 计价依据介绍

《建设工程工程量清单计价规范》(GB 50500—2013)(以下简称《计价规范》)、《市政工程工程量计算规范》(GB 50857—2013)(以下简称《计量规范》)

目前使用的《计价规范》、《计量规范》经住建部 1576 号公告批准成为国家标准,于 2013 年 7 月 1 日起正式在全国统一贯彻实施。

《计价规范》、《计量规范》编制的指导思想与原则为:《计价规范》、《计量规范》是按照"政府宏观调控、企业自主报价、市场形成价格、社会全面监督"的改革目标制定的。

(1)政府宏观调控体现在,一是制定有关工程发承包价格的竞争规则,引导市场计价行为;二是加强对市场中不规范和违法计价行为的监督管理。具体地讲,工程建设的各方主体必须遵守统一的建设工程计价规则、方法。全部使用国有资金投资或国有资金投资为主的建设工程必须采用工程量清单计价。工程量清单计价采用综合单价法,工程量清单实行五个统一,即:统一项目编码、统一项目名称、统一项目特征、统一计价单位、统一工程量计算规则。规费和税金不得参与竞争等。

(2)企业自主报价体现在企业自行制定工程施工方法、施工措施,企业根据自身的施工技术、管理水平和自己掌握的工程造价资料自主确定人工、材料、施工机械台班消耗量,根据自己采集的价格信息,自主确定人工、材料、施工机械台班的单价,企业根据自身状况和市场竞争激烈程度并结合拟建工程实际情况,自主确定各项管理费、利润等。

(3)市场形成价格体现在由于《计价规范》不规定人工、材料、机械的消耗量,为企业报价提供了自主空间,投标企业可结合自身的生产效率、消耗水平和管理能力与自己储备的报价资料,按《计价规范》规定的原则和方法,投标报价。工程造价的最终确定,由承发包双方在市场竞争中按价值规律通过合同确定。

(4)社会全面监督体现在工程建设各方的计价活动都是在有关部门的监督下进行,如绝大多数合同价的确定是通过招投标的形式确定,在工程招投标过程中,招投标管理机构、公证处、项目主管部门等都参与监督,中标单位的公示、合同的鉴证等方面。

### 3.《计价规范》的主要内容

《计价规范》包括正文和工程计价表格两大部分,两者具有同等效力。

正文共 15 章,包括总则、术语、一般规定、工程量清单编制、招标控制价、投标报价、合同价款约定、工程计量、合同价款调整、合同价款期中支付、竣工结算与支付、合同解除的价款结算与支付、合同价款争议的解决、工程造价鉴定、工程计价资料与档案。

工程计价表格包括附录 A、B、C、D、E、F、G、H、J、K、L。

### 4.《计量规范》的主要内容

《计量规范》包括正文和附录两大部分,两者具有同等效力。

正文共 4 章,包括总则、术语、工程计量、工程量清单编制等内容。

附录包括:

附录 A 土石方工程、附录 B 道路工程、附录 C 桥涵工程、附录 D 隧道工程、附录 E 管网工程、附录 F 水处理工程、附录 G 生活垃圾处理工程、附录 H 路灯工程、附录 J 钢筋工程、附录 K 拆除工程、附录 L 措施项目。

**5.《计价规范》《计量规范》的主要特点**

(1)强制性。主要表现在:一是由建设主管部门按照强制性国家标准的要求批准颁布,规定全部使用国有资金或国有资金投资为主的大中型建设工程应按计价规范规定执行;二是明确工程量清单是招标文件组成部分,并规定了招标人在编制工程量清单时必须遵守的规则,做到五统一,即统一项目编码、统一项目名称、统一项目特征、统一计量单位、统一工程量计算规则。

(2)实用性。附录中工程量清单项目及计算规则的项目名称表现的是工程实体项目,项目名称明确清晰,工程量计算规则简洁明了特别还列有项目特征和工程内容,易于编制工程量清单时确定具体项目名称和投标报价。

(3)竞争性。一是《计价规范》中的措施项目,在工程量清单中只列"措施项目"一栏,具体采取什么措施,如模板、脚手架、临时设施、施工排水等详细内容由招标人根据企业的施工组织设计,视具体情况报价,因为这些项目在各个企业间各有不同,是企业竞争项目、留给企业竞争的空间;二是《计价规范》中的人工、材料和施工机械没有具体的消耗量,投标企业可以根据企业的定额和市场价格信息,也可以参照建设行政主管部门发布的社会平均消耗量定额进行报价,《计价规范》将报价权交给了企业。

(4)通用性。采用工程量清单计价将与国际惯例接轨。符合工程量计算方法标准化、工程量计算规则统一化、工程造价确定市场化的要求。

### 三、《江苏省建设工程费用定额》(2014 版)(以下简称《费用定额》)

#### 1. 适用范围

《费用定额》适用于在江苏省行政区域内新建、扩建和改建的建筑与装饰、安装、市政、仿古建筑及园林绿化、房屋修缮、城市轨道交通工程等,与江苏省现行的建筑与装饰、安装、市政、仿古建筑及园林绿化、房屋修缮、城市轨道交通工程计价表(定额)配套使用,原有关规定与本定额不一致的,按照本定额规定执行。

#### 2. 主要内容

本定额费用内容是由分部分项工程费、措施项目费、其他项目费、规费和税金组成。其中,安全文明施工措施费、规费和税金为不可竞争费,应按规定标准计取。

### 四、《江苏省市政工程计价定额》(2014 版)(以下简称《市政定额》)

#### 1. 基本特点

(1)实现确定量、参考价的计算模式

本定额的编制按"控制量、指导价、竞争费"的改革精神,实现了确定量、参考价的原则,即定额消耗量相对固定,而价格随行就市或根据发布的动态市场价格信息,通过统一的工程量计算规则,计算出工程数量,应用预算定额软件计算市政工程造价。

（2）定额子目设置更符合实际

为适应工程量清单报价和新技术发展的需要，更好地与国际惯例接轨，将原市政定额混凝土构件子目中的混凝土和模板进行分离，混凝土按浇捣体积以"m³"为单位计量，模板按其与混凝土的接触面积以"m²"为单位计量，套用相应定额子目。

（3）与建筑、安装定额类似项目的统一

本定额与建筑定额和安装定额之间，采用了统一的名称术语和计量单位，在相同子目录的消耗量上，既结合专业的特点，又做到了基本的统一；避免了相同工作内容由于套用不同定额而引发不必要的争议。另外，根据目前我省材料价格信息发布的实际情况，对市政定额中涉及各类材料的计量单位与本省价格发布体系中相关材料进行了统一，以适应市政工程投标报价和工程预结（决）算的需要。

**2. 市政工程计价定额内容**

以江苏省 2014 版市政工程计价定额为例。2014 版江苏省市政工程计价定额一共 8 册，分别是通用项目、道路工程、桥涵工程、隧道工程、给水工程、排水工程、燃气与集中供热工程、路灯工程。每一册又分许多章、节。比如通用项目册包含土石方工程、打拔工具桩工程、围堰工程、支撑工程、拆除工程、脚手架及其他工程、护坡挡土墙工程、地下连续墙工程。比如土石方工程这一章又包含人工挖土方、人工挖沟槽基坑土方、挖掘机挖土方等定额节。

江苏省 2014 版
市政定额内容组成

现行的 2014 版江苏省市政工程计价定额的基本内容包含：总说明、分册、附录。总说明主要介绍定额的内容、使用范围作用、编制依据、人工材料机械消耗量取定标准等。定额节包含工作内容、计量单位和定额表，表格中有定额编号、项目、基价、人工消耗量、材料消耗量、机械台班消耗量。

**3.《江苏省市政工程计价定额》(2014 版)总说明**

《江苏省市政工程计价定额》(2014 版)（以下简称《市政定额》）总说明共分十三条，现逐条加以解释和说明。

（1）《江苏省市政工程计价定额》（以下简称本定额），是完成规定计量单位分项工程所需的人工、材料、施工机械台班的消耗量标准，是编制市政工程概算、招标工程控制价、工程预算及竣工结算的依据。本定额计价单位为元，默认尺寸单位为毫米（mm）。

（2）本定额适用于城镇管辖范围内的新建、扩建及大中修市政工程，不适用于市政工程的小修保养。

（3）本定额是按照正常的施工条件，目前多数企业的施工机械装备程度，合理的施工工期、施工工艺、劳动组织编制的，反映了社会平均消耗水平。

（4）本定额是依据国家有关现行产品标准、设计规范和施工验收规范、质量评定标准、安全技术操作规程编制的，并适当参考了行业、地方标准，以及有代表性的工程设计、施工资料和其他资料。

（5）关于人工工日消耗量：本定额人工不分工种、技术等级，均以综合工日表示，内容包括基本用工、超运距用工、人工幅度差和辅助用工。

（6）关于材料消耗量：

① 本定额中的材料消耗包括主要材料、辅助材料，凡能计量的材料、成品、半成品均按品种、规格逐一列出用量并计入了相应的损耗，其损耗的内容和范围包括：从工地仓库、现场

集中堆放地点或现场加工地点至操作或安装地点的现场运输损耗、施工操作损耗、施工现场堆放损耗。

② 混凝土、沥青混凝土、砌筑砂浆、抹灰砂浆及各种胶泥等均按半成品消耗量以体积（m³）表示。定额中混凝土的养护，除另有说明者外，均按自然养护考虑。混凝土消耗量按现场拌合考虑，采用预拌（商品）混凝土的按下列办法计算：

对厂站工程：泵送混凝土的，定额人工数量扣 30%，定额混凝土搅拌机械数量全扣，定额水平运输机械数量扣 50%，垂直运输机械全扣；非泵送混凝土的，定额人工数量扣 15%，混凝土搅拌机械全扣。

对其他市政工程：泵送混凝土的，人工扣 40%，混凝土搅拌机械数量全扣，定额水平运输机械数量扣 50%，垂直运输机械全扣；非泵送混凝土的，人工扣 20%，混凝土搅拌机械全扣。

③ 本定额中的周转性材料已按规定的材料周转次数摊销计入定额内。

④ 组合钢模板、复合木模板等的回库维修费已计入其预算价格内。

⑤ 用量少、价值小的材料合并为其他材料费，以占材料费（其中不包括未计价材料和其他材料费本身）的百分数表示。

（7）关于施工机械台班消耗量：

① 本定额的施工机械台班用量包括了机械幅度差内容。

② 本定额未包括随工人班组配备并依班组产量计算的单位价值 2 000 元以下的小型施工机械或工具使用费，价值 2 000 元以下的小型施工机械或工具使用费列入《市政费用定额》企业管理费中的生产工具用具使用费项下。

③ 定额中均已包括材料、成品、半成品从工地仓库、现场集中堆放地点或现场加工地点至操作安装地点的水平和垂直运输所需要的人工和机械消耗量。如场地限制造成二次搬运的，应参照有关材料运输的定额项目计算二次搬运费。

（8）本定额的人工单价按 74 元计算。材料预算价格按 2013 年南京地区标准。机械台班价格在《2007 机械台班定额》的基础上按新的人工费标准和材料预价格调整了机上人工费及燃料动力费。根据调整后的机械台班价格测算出新的《特、大型机械场外运输费及组装、拆卸费》。

（9）本定额施工用水、电是按现场有水、电考虑的。如现场无水、电时，施工企业外接水的费用及自备发电机发电的费用应另计措施费。施工用水电应由建设单位在现场自装水、电表交施工单位保管使用，施工单位按表计量。工程结算时施工单位按预算价格支付建设方水电费。如无条件按计量水、电，则由建设方与施工方自行商定水、电费结算办法。

（10）本定额的工作内容中已说明了主要的施工工序，次要工序虽未说明，均已考虑在定额内。

（11）本定额与我省其他工程预算定额的关系，凡本定额包含的项目，应按本定额项目执行。本定额缺项部分，可按其他定额工、料、机消耗量计算直接费，按市政定额标准取费。

（12）本定额中用"（ ）"表示的消耗量，均未计入基价。

（13）本定额中注有"×××以内"或"×××以下"者均包括×××本身，"×××以外"或"×××以上"者则不包括×××本身。

建设工程费用组成

# 第三节　市政工程计价方法

## 一、建设工程费用组成

按照《建筑安装工程费用项目组成》（建标〔2013〕44 号）。建筑安装工程费用项目组成存在两种划分方法：

### 1. 按费用构成要素组成划分

建筑安装工程费用项目组成
（按费用构成要素划分）

## 2. 按造价形成组成划分

## 二、建设工程费用组成(按造价形成组成划分)

建设工程费用由分部分项工程费、措施项目费、其他项目费、规费和税金组成。

### 1. 分部分项工程费

分部分项工程费是指各专业工程的分部分项工程应予列支的各项费用,由人工费、材料费、施工机具使用费、企业管理费和利润构成。

(1) 人工费

人工费是指按工资总额构成规定,支付给从事建筑安装工程施工的生产工人和附属生产单位工人的各项费用。内容包括：计时工资或计件工资、奖金、津贴补贴、加班加点工资、特殊情况下支付的工资。

（2）材料费

材料费是指施工过程中耗费的原材料、辅助材料、构配件、零件、半成品或成品、工程设备的费用。内容包括：材料原价、运杂费、运输损耗费、采购及保管费。

工程设备是指房屋建筑及其配套的构成或计划构成永久工程一部分的机电设备、金属结构设备、仪器装置等建筑设备，包括附属工程中电气、采暖、通风空调、给排水、通信及建筑智能等为房屋功能服务的设备，不包括工艺设备。具体划分标准见《建设工程计价设备材料划分标准》（GB/T 50531—2009）。明确由建设单位提供的建筑设备，其设备费用不作为计取税金的基数。

（3）施工机械使用费

施工机械使用费是指施工作业所发生的施工机械、仪器仪表使用费或其租赁费。包含以下内容：

① 施工机械使用费，以施工机械台班耗用量乘以施工机械台班单价表示。施工机械台班单价应由下列七项费用组成：

折旧费、大修理费、经常修理费、安拆费及场外运费、人工费、燃料动力费、税费。其中税费指施工机械按照国家规定应缴纳的车船使用税、保险费及年检费等。

② 仪器仪表使用费：是指工程施工所需使用的仪器仪表的摊销及维修费用。

（4）企业管理费

企业管理费是指施工企业组织施工生产和经营管理所需的费用。内容包括：管理人员工资、办公费、差旅交通费、固定资产使用费、工具用具使用费、劳动保险和职工福利费、劳动保护费、工会经费、职工教育经费、财产保险费、财务费、税金、意外伤害保险费、工程定位复测费、检验试验费、非建设单位所为四小时以内的临时停水停电费用、企业技术研发费、其他。

（5）利润

利润是指施工企业完成所承包工程获得的盈利。

**2. 措施项目费**

措施项目费是指为完成建设工程施工，发生于该工程施工前和施工过程中的技术、生活、安全、环境保护等方面的费用。

根据现行工程量清单计算规范，措施项目费分为单价措施项目与总价措施项目。

（1）单价措施项目

单价措施项目是指在现行工程量清单计算规范中有对应工程量计算规则，按人工费、材料费、施工机具使用费、管理费和利润形式组成综合单价的措施项目。单价措施项目根据专业不同，包括的项目不同。市政工程的单价措施项目包括：脚手架工程；混凝土模板及支架；围堰；便道及便桥；洞内临时设施；大型机械设备进出场及安拆；施工排水、降水；地下交叉管线处理、监测、监控。

（2）总价措施项目

总价措施项目是指在现行工程量清单计算规范中无工程量计算规则，以总价（或计算基础乘费率）计算的措施项目。其中各专业都可能发生的通用的总价措施项目如下：

① 安全文明施工：为满足施工安全、文明、绿色施工以及环境保护、职工健康生活所需

要的各项费用。本项为不可竞争费用。

②夜间施工：规范、规程要求正常作业而发生的夜班补助、夜间施工降效、夜间照明设施的安拆、摊销、照明用电以及夜间施工现场交通标志、安全标牌、警示灯安拆等费用。

③二次搬运：由于施工场地限制而发生的材料、成品、半成品等一次运输不能到达堆放地点，必须进行的二次或多次搬运费用。

④冬雨季施工：在冬雨季施工期间所增加的费用。包括冬季作业、临时取暖、建筑物门窗洞口封闭及防雨措施、排水、工效降低、防冻等费用。不包括设计要求混凝土内添加防冻剂的费用。

⑤地上、地下设施、建筑物的临时保护设施：在工程施工过程中，对已建成的地上、地下设施和建筑物进行的遮盖、封闭、隔离等必要保护措施。在园林绿化工程中，还包括对已有植物的保护。

⑥已完工程及设备保护费：对已完工程及设备采取的覆盖、包裹、封闭、隔离等必要保护措施所发生的费用。

⑦临时设施费：施工企业为进行工程施工所必需的生活和生产用的临时建筑物、构筑物和其他临时设施的搭设、使用、拆除等费用。

⑧赶工措施费：施工合同工期比我省现行工期定额提前，施工企业为缩短工期所发生的费用。如施工过程中，发包人要求实际工期比合同工期提前时，由发承包双方另行约定。

⑨工程按质论价：施工合同约定质量标准超过国家规定，施工企业完成工程质量达到经有权部门鉴定或评定为优质工程所必须增加的施工成本费。

⑩特殊条件下施工增加费：地下不明障碍物、铁路、航空、航运等交通干扰而发生的施工降效费用。

总价措施项目中，除通用措施项目外，市政工程还有一些特有的措施项目：行车、行人干扰：由于施工受行车、行人的干扰导致的人工、机械降效以及为了行车、行人安全而现场增设的维护交通与疏导人员费用。

**3. 其他项目费**

（1）暂列金额：建设单位在工程量清单中暂定并包括在工程合同价款中的一笔款项。用于施工合同签订时尚未确定或者不可预见的所需材料、工程设备、服务的采购，施工中可能发生的工程变更、合同约定调整因素出现时的工程价款调整以及发生的索赔、现场签证确认等的费用。由建设单位根据工程特点，按有关计价规定估算；施工过程中由建设单位掌握使用，扣除合同价款调整后如有余额，归建设单位。

（2）暂估价：建设单位在工程量清单中提供的用于支付必然发生但暂时不能确定价格的材料的单价以及专业工程的金额。包括材料暂估价和专业工程暂估价。材料暂估价在清单综合单价中考虑，不计入暂估价汇总。

（3）计日工：是指在施工过程中，施工企业完成建设单位提出的施工图纸以外的零星项目或工作所需的费用。

（4）总承包服务费：是指总承包人为配合、协调建设单位进行的专业工程发包，对建设单位自行采购的材料、工程设备等进行保管以及施工现场管理、竣工资料汇总整理等服务所需的费用。总包服务范围由建设单位在招标文件中明示，并且发承包双方在施工合同中约定。

#### 4. 规费

规费是指有权部门规定必须缴纳的费用。

（1）工程排污费：包括废气、污水、固体及危险废物和噪声排污费等内容。

（2）社会保险费：企业应为职工缴纳的养老保险、医疗保险、失业保险、工伤保险和生育保险等五项社会保障方面的费用。为确保施工企业各类从业人员社会保障权益落到实处，省、市有关部门可根据实际情况制定管理办法。

（3）住房公积金：企业应为职工缴纳的住房公积金。

#### 5. 税金

目前按照《江苏省住房城乡建设厅关于调整建设工程计价增值税税率的通知》（苏建函价〔2019〕178 号）计取。

《江苏省住房城乡建设厅关于调整建设工程计价增值税税率的通知》（苏建函价〔2019〕178 号）

### 三、工程费用类别划分及取费

随着城市化进程的加快，现代市政工程日益复杂，不同的市政工程，其工程造价的确定都各有特性。因此，为合理确定工程造价，也便于进行同类工程的指标分析与比较，有必要将市政工程按照不同的项目划分为不同而类别。

施工取费定额"工程类别划分"把各专业工程类别划分为一类、二类、三类共三种类别，企业管理费费率按照对应的专业工程类别计取。

#### 1. 市政工程费用类别划分表

表 1-1 市政工程类别划分表

| 序号 | 项目 | | 单位 | 一类工程 | 二类工程 | 三类工程 |
|---|---|---|---|---|---|---|
| 一 | 道路工程 | 结构层厚度 | cm | ≥65 | ≥55 | <55 |
| | | 路幅宽度 | m | ≥60 | ≥40 | <40 |
| 二 | 桥梁工程 | 单跨长度 | m | ≥40 | ≥20 | <20 |
| | | 桥梁总长 | m | ≥200 | ≥100 | <100 |
| 三 | 排水工程 | 雨水管道直径 | mm | ≥1 500 | ≥1 000 | <1 000 |
| | | 污水管道直径 | mm | ≥1 000 | ≥600 | <600 |
| 四 | 水工构筑物（设计能力） | 泵站（地下部分） | 万吨/日 | ≥20 | ≥10 | <10 |
| | | 污水处理厂（池类） | 万吨/日 | ≥10 | ≥5 | <5 |
| | | 自来水厂（池类） | 万吨/日 | ≥20 | ≥10 | <10 |
| 五 | 防洪堤挡土墙 | 实浇（砌）体积 | m³ | ≥3 500 | ≥2 500 | <2 500 |
| | | 高度 | m | ≥4 | ≥3 | <3 |
| 六 | 给水工程 | 主管直径 | mm | ≥1 000 | ≥800 | <800 |
| 七 | 燃气与集中供热工程 | 主管直径 | mm | ≥500 | ≥300 | <300 |
| 八 | 大型土石方工程 | 挖或填土（石）方容量 | m³ | ≥5 000 | | |

市政工程按照专业定额分册的编制情况结合工程实际,可划分为道路工程、桥梁工程、排水工程、水工构筑物工程、防洪堤挡土墙、给水工程、燃气与集中供热工程、大型土石方工程等。

### 2. 市政工程类别划分的原则

(1) 定量与定性相结合原则:针对不同的项目,采用定量与定性相结合并以定量为主划分为三类。

(2) 单因素确定原则:某专业工程有多种条件时,判定类别时,只要符合其中一个条件即可。

(3) 就高原则:多个专业工程一同分包时,按专业工程最高类别确定。

### 3. 市政工程的类别划分说明

(1) 工程类别划分是根据不同的标段内的单位工程的施工难易程度等,结合市政工程实际情况划分确定的。

(2) 工程类别划分以标段内的单位工程为准,一个单项工程中如由几个不同类别的单位工程组成,其工程类别分别确定。

(3) 单位工程的类别划分按主体工程确定,附属工程按主体工程类别确定。

(4) 通用项目的类别划分按主体工程确定。

(5) 凡工程类别标准中,道路工程、防洪堤、挡土墙、桥梁工程有两个指标控制的必须同时满足两个指标确定工程类别。

(6) 道路路幅宽度为包含绿岛及人行道宽度即总宽度,结构层厚度指设计标准横断面厚度。

(7) 道路改造工程按改造后的道路路幅宽度标准确定工程类别。

(8) 桥梁的总长度是指两个桥台结构最外边线之间的长度。

(9) 排水管道工程按主干管的管径确定工程类别。主干管是指标段内单位工程中长度最长的干管。

(10) 箱涵、方涵套用桥梁工程三类标准。

(11) 市政隧道工程套用桥梁工程二类标准。

(12) 10 000 平方米以上广场为道路二类,以下为道路三类。

(13) 土石方工程量包含弹软土基处理、坑槽内实体结构以上路基部位(不包括道路结构层部分)的多合土、砂、碎石回填工程量。大型土石方应按标段内的单位工程进行划分。

(14) 上表中未包括的市政工程,其工程类别由当地工程造价管理机构根据实际情况予以核定,并报上级工程造价管理机构备案。

### 4. 市政工程施工取费费率

(1) 企业管理费、利润取费标准及规定

① 企业管理费、利润计算基础按本定额规定执行。

② 包工不包料、点工的管理费和利润包含在工资单价中。

企业管理费、利润标准见下表。

表1-2　市政工程企业管理费、利润费率标准

| 序号 | 项目名称 | 计算基础 | 管理费费率(%) | | | 利润率(%) |
|------|----------|----------|------|------|------|------|
| | | | 一类工程 | 二类工程 | 三类工程 | |
| 一 | 通用项目、道路、排水工程 | 人工费+除税机械费 | 25 | 22 | 19 | 10 |
| 二 | 桥梁、水工构筑物 | 人工费+除税机械费 | 33 | 30 | 27 | 10 |
| 三 | 给水、燃气与集中供热 | 人工费 | 44 | 40 | 36 | 13 |
| 四 | 路灯及交通设施工程 | 人工费 | 42 | | | 13 |
| 五 | 大型土石方工程 | 人工费+除税机械费 | 6 | | | 4 |

（2）措施项目取费标准及规定

① 单价措施项目以清单工程量乘以综合单价计算。综合单价按照各专业计价定额中的规定,依据设计图纸和经建设方认可的施工方案进行组价。

② 总价措施项目中部分以费率计算的措施项目费率标准见表1-2和表1-3以及1-4,其计费基础为:分部分项工程费+单价措施项目费-除税工程设备费;其他总价措施项目,按项计取,综合单价按实际或可能发生的费用进行计算。

表1-3　市政工程措施项目费费率标准

| 项目 | 计算基础 | 市政工程费率(%) |
|------|----------|-----------------|
| 现场安全文明施工措施费 | 分部分项工程费+单价措施项目费-除税工程设备费 | |
| 夜间施工增加费 | | 0.05~0.15 |
| 冬雨季施工增加费 | | 0.1~0.3 |
| 已完工程及设备保护 | | 0~0.02 |
| 临时设施费 | | 1.1~2.2 |
| 赶工措施费 | | 0.5~2.2 |
| 按质论价费 | | 0.9~2.7 |

表1-4　安全文明施工措施费费率标准

| 序号 | 工程名称 | | 计费基础 | 基本费率(%) | 省级标化增加费(%) |
|------|----------|----------|----------|-------------|-------------------|
| 一 | 市政工程 | 通用项目、道路、排水工程 | 分部分项工程费+单价措施项目费-除税工程设备费 | 1.5 | 0.4 |
| | | 桥涵、隧道、水工构筑物 | | 2.2 | 0.5 |
| | | 给水、燃气与集中供热 | | 1.2 | 0.3 |
| | | 路灯及交通设施工程 | | 1.2 | 0.3 |
| 二 | 大型土石方工程 | | | 1.5 | — |

**5. 其他项目取费标准及规定**

（1）暂列金额、暂估价按发包人给定的标准计取。

（2）计日工：由发承包双方在合同中约定。

（3）总承包服务费：应根据招标文件列出的内容和向总承包人提出的要求，参照下列标准计算：

① 建设单位仅要求对分包的专业工程进行总承包管理和协调时，按分包的专业工程估算造价的1%计算。

② 建设单位要求对分包的专业工程进行总承包管理和协调，并同时要求提供配合服务时，根据招标文件中列出的配合服务内容和提出的要求，按分包的专业工程估算造价的2%～3%计算。

（4）暂列金额、暂估价、总承包服务费中均不包括增值税可抵扣进项税额。

### 6. 规费取费标准及有关规定

（1）工程排污费：按工程所在地环境保护等部门规定的标准缴纳，按实计取列入。

（2）社会保险费及住房公积金按表1-5标准计取。

**表1-5　社会保险费及公积金取费标准表**

| 序号 | 工程类别 | | 计算基础 | 社会保险费率（%） | 公积金费率（%） |
|------|----------|----------|----------|----------------|----------------|
| 四 | 市政工程 | 通用项目、道路、排水工程 | 分部分项工程费＋措施项目费＋其他项目费－除税工程设备费 | 2.0 | 0.34 |
| | | 桥涵、隧道、水工构筑物 | | 2.7 | 0.47 |
| | | 给水、燃气与集中供热、路灯及交通设施工程 | | 2.1 | 0.37 |
| 九 | 大型土石方工程 | | | 1.3 | 0.24 |

注：1. 社会保险费包括养老保险费、失业保险费、医疗保险费、工伤保险费、生育保险费。
　　2. 点工和包工不包料的社会保险费和公积金已经包含在人工工资单价中。
　　3. 大型土石方工程适用各专业中达到大型土石方标准的单位工程。
　　4. 社会保险费费率和公积金费率将随着社保部门要求和建设工程实际缴纳费率的提高，适时调整。

### 7. 税金计算标准及有关规定

税金以除税工程造价为计取基础，费率根据相关文件计取。

## 四、工程费用计算程序

### 1. 一般计税方法

**表1-6　工程量清单法计算程序（包工包料）**

| 序号 | 费用名称 | | 计算公式 |
|------|----------|----------|----------|
| 一 | 分部分项工程费 | | 清单工程量×除税综合单价 |
| | 其中 | 1. 人工费 | 人工消耗量×人工单价 |
| | | 2. 材料费 | 材料消耗量×除税材料单价 |
| | | 3. 施工机具使用费 | 机械消耗量×除税机械单价 |
| | | 4. 管理费 | （1＋3）×费率或（1）×费率 |
| | | 5. 利润 | （1＋3）×费率或（1）×费率 |

| 序号 | 费用名称 | | 计算公式 |
|---|---|---|---|
| 二 | | 措施项目费 | |
| | 其中 | 单价措施项目费 | 清单工程量×除税综合单价 |
| | | 总价措施项目费 | (分部分项工程费＋单价措施项目费－除税工程设备费)×费率或以项计费 |
| 三 | | 其他项目费 | |
| 四 | | 规费 | |
| | 其中 | 1. 工程排污费 | |
| | | 2. 社会保险费 | (一＋二＋三－除税工程设备费)×费率 |
| | | 3. 住房公积金 | |
| 五 | | 税金 | [一＋二＋三＋四－(除税甲供材料费＋除税甲供设备费)/1.01]×费率 |
| 六 | | 工程造价 | 一＋二＋三＋四－(除税甲供材料费＋除税甲供设备费)/1.01＋五 |

## 2. 简易计税方法

包工不包料工程(清包工工程),可按简易计税法计税。原计费程序不变。

表 1－7 工程量清单法计算程序(包工包料)

| 序号 | 费用名称 | | 计算公式 |
|---|---|---|---|
| 一 | | 分部分项工程费 | 清单工程量×综合单价 |
| | 其中 | 1. 人工费 | 人工消耗量×人工单价 |
| | | 2. 材料费 | 材料消耗量×材料单价 |
| | | 3. 施工机具使用费 | 机械消耗量×机械单价 |
| | | 4. 管理费 | (1＋3)×费率或(1)×费率 |
| | | 5. 利润 | (1＋3)×费率或(1)×费率 |
| 二 | | 措施项目费 | |
| | 其中 | 单价措施项目费 | 清单工程量×综合单价 |
| | | 总价措施项目费 | (分部分项工程费＋单价措施项目费－工程设备费)×费率或以项计费 |
| 三 | | 其他项目费 | |
| 四 | | 规费 | |
| | 其中 | 1. 工程排污费 | |
| | | 2. 社会保险费 | (一＋二＋三－工程设备费)×费率 |
| | | 3. 住房公积金 | |

续　表

| 序号 | 费用名称 | 计算公式 |
|------|----------|----------|
| 五 | 税金 | ［一＋二＋三＋四－（甲供材料费＋甲供设备费）/1.01］×费率 |
| 六 | 工程造价 | 一＋二＋三＋四－（甲供材料费＋甲供设备费）/1.01＋五 |

## 五、两种计价方法的比较

### 1. 工程量清单计价的特点

工程量清单计价是市场形成工程造价的主要形式，它给企业自主报价提供了空间，实现了政府定价到市场定价的转变。工程量清单计价是一种既符合建筑市场竞争规则、经济发展需要，又符合国际惯例的计价办法。与原有定额计价模式相比，清单计价具有以下特点和优势：

（1）充分体现施工企业自主报价，市场竞争形成价格

工程量清单计价法完全突破了我国传统的定额计价管理方式，是一种全新的计价管理模式。它的主要特点是依据建设行政主管部门颁布的工程量计算规则，按照施工图纸、施工现场、招标文件的有关规定要求，由施工企业自主报价。计价依据可以不再套用统一规定的定额和单价，所有工程中人工、材料、机械费用价格都由市场价格来确定，真正体现了企业自主报价、市场竞争形成价格的崭新局面。

（2）搭建了一个平等竞争平台，满足充分竞争的需要

在工程招投标中，投标报价往往是决定是否中标的关键因素，而影响投标报价质量的是工程量计算的准确性。工程预算定额计价模式下，工程量由投标人各自测算，企业是否中标，很大程度上取决于预算编制人员的素质，最后，工程招标投标，变成施工企业预算编制人员之间的竞争，而企业的施工技术、管理水平无法得以体现。实现工程量清单计价模式后，招标人提供工程量清单，对所有投标人都是一样的，不存在工程项目、工程数量方面的误差，有利于公平竞争。所有投标人根据招标人提供的统一的工程量清单，根据企业管理水平和技术能力，考虑各种风险因素，自主确定人工、材料、施工机械台班消耗量及相应价格，自主确定企业管理费、利润，提供了投标人充分竞争的环境。

（3）促进施工企业整体素质提高，增强竞争能力

工程量清单计价反映的是施工企业个别成本，而不是社会的平均成本。投标人在报价时，必须通过对单位工程成本、利润进行分析，统筹兼顾，精心选择施工方案，并根据投标人自身的情况综合考虑人工、材料、施工机械等要素的投入与配置，优化组合，合理确定投标价，以提高投标竞争力。工程量清单报价体现了企业施工、技术管理水平等综合实力，这就要求投标人必须加强管理，改善施工条件，加快技术进步，提高劳动生产率，鼓励创新，从技术中要效率，从管理中要利润；注重市场信息的搜集和施工资料的积累，推动施工企业编制自己的消耗量定额，全面提升企业素质，增强综合竞争能力，才能在激烈的市场竞争中不断发展壮大，立于不败之地。

（4）有利于招标人对投资的控制，提高投资效益

采用工程预算定额计价模式，发包人对设计变更等所引起的工程造价变化不敏感，往往等到竣工结算时才知道这些变更对项目投资的影响程度，但为时已晚。而采用了工程量清

单计价模式后,工程变更对工程造价的影响一目了然,这样发包人就能根据投资情况来决定是否变更或进行多方案比选,以决定最恰当的处理方案。同时工程量清单为招标人的期中付款提供了便利,用工程量清单计价,简单,明了,只要完成的工程数量与综合单价相乘,即可计算工程造价。

另一方面,采用工程量清单计价模式后,投标人没有以往工程预算定额计价模式下的约束,完全根据自身的技术装备、管理水平自主确定工、料、机消耗量及相应价格和各项管理费用,有利于降低工程造价,节约了资金,提高了资金使用效率。

(5) 风险分配合理化,符合风险分配原则

建设工程一般都比较复杂,建设周期长,工程变更多,因而风险比较大,采用工程量清单计价模式后,招标人提供工程量清单,对工程数量的准确性负责,承担工程项目、工程数量误差风险;投标人自主确定项目单价,承担单价计算风险。这种格局符合风险合理分配与责权利关系对等的一般原则。合理的风险分配,可以充分发挥承包双方的积极性,降低工程成本,提高投资效益,达到双赢的结果。

(6) 有利于简化工程结算,正确处理工程索赔

施工过程发生的工程变更,包括发包人提出工程设计变更、工程质量标准及其他实质性变更,工程量清单计价模式为确定工程变更造价提供了有利条件。工程量清单计价具有合同化的法定性,投标时的分项工程单价在工程设计变更计价、进度报表计价、竣工结算计价时是不能改变的,从而大大减少了双方在单价上的争议,简化了工程项目各个阶段的预结算编审工作。除了一些隐蔽工程或一些不可预测的因素外,工程量都可依据图纸或实测实量确定。因此,在结算时能够做到清晰、快捷。

**2. 工程量清单计价与预算定额计价的区别和联系**

(1) 区别

① 适用范围不同

全部使用国有资金投资或国有资金投资为主的建设工程项目必须实行工程量清单计价。除此以外的建设工程,可以采用工程量清单计价模式,也可采用定额计价模式。

采用工程量清单招标的,应该是用综合单价法计价;非招标工程既可采用工程量清单综合单价计价,也可采用定额工料单价计价法。

② 采用的计价方法不同

根据《计价规范》规定,工程量清单应采用综合单价方法计价。

定额计价一般采用工料单价方法计价,但也可采用综合单价法计价。

③ 项目划分不同

工程量清单项目,基本以一个"综合实体"考虑,一般一个项目包括多项工程内容。而定额计价的项目所含内容相对单一,一般一个项目只包括一项工程内容。

④ 工程量计算规则不同

工程量清单计价模式中的工程量计算规则必须按照国家标准《计价规范》规定执行,实行全国统一。而定额计价模式下的工程量计算规则由一个地区(省、自治区、直辖市)制定,在本地区域内统一,具有局限性。

⑤ 采用的消耗量标准不同

工程量清单计价模式下,投标人计价时应采用投标人自己的企业定额。企业定额是施

工企业根据本企业的施工技术和管理水平，以及有关工程造价资料制定的，并供本企业使用的人工、材料、机械台班消耗量。消耗量标准体现投标人个体水平，并且是动态的。

工程预算定额计价模式下，投标人计价时须统一采用消耗量定额。消耗量定额是指由建设行政主管部门根据合理的施工组织设计，按照正常条件下制定的，生产一个规定计量单位工程合格产品所需人工、材料、机械台班等的社会平均消耗量，包括建筑工程预算定额、安装工程预算定额、施工取费定额等。消耗量水平反映的是社会平均水平，是静态的，不反映具体工程中承包人个体之间的变化。

⑥ 风险分担不同

工程量清单由招标人提供，一般情况下，各投标人无须再计算工程量，招标人承担工程量计算风险，投标人则承担单价风险；而定额计价模式下的招投标工程，工程数量由各投标人自行计算，工程量计算风险和单价风险均由投标人承担。

（2）联系

定额计价作为一种计价模式，在我国使用了多年，具有一定的科学性和实用性，今后将继续存在于工程发承包计价活动中，即使工程量清单计价方式占据主导地位，它仍是一种补充方式。由于目前是工程量清单计价模式的实施初期，大部分施工企业还不具备建立和拥有自己的企业定额体系，建设行政主管部门发布的定额，尤其是当地的消耗量定额，仍然是企业投标报价的主要依据。也就是说，工程量清单计价活动中，存在着部分定额计价的成分。应该看到，在我国建设市场逐步放开的改革过程当中，虽然已经制定并推广了工程量清单计价模式，但是，由于各地实际情况的差异，我国目前的工程造价计价模式又不可避免地出现工程预算定额计价与工程量清单计价两种模式双轨并行的局面。如全部使用国有资金投资或国有资金投资为主的建设工程必须实行工程量清单计价。而除此以外的建设工程，既可以采用工程量清单计价模式，也可采用工程预算定额计价模式。随着我国工程造价管理体制改革的不断深入和对国际管理的进一步深入、了解，工程量清单计价模式将逐渐占主导地位，最终实行单一的计价模式即工程量清单计价模式。

# 本章习题

1. 以江苏省为例，目前市政工程计价依据有哪些？
2. 简述工程量清单计价与预算定额计价的区别和联系。

# 第二章 市政通用项目计价

通用建设项目是市政工程预算定额各专业册中带共性的项目,属于《江苏省市政工程计价定额》(以下简称本定额)第一册。共八章,包括土石方工程、打拔工具桩、围堰工程、支撑工程、拆除工程、脚手架及其他工程、护坡挡土墙及防洪工程、临时工程及地基加固。

> 注:以上项目在《市政工程工程量计算规范》(GB 50857—2013)中参见:土石方工程,附录A;打拔工具桩、支撑工程、地下连续墙,附录C.2;拆除工程,附录K;围堰工程、脚手架及其他工程,附录L;护坡、挡土墙工程,附录C.3、C.4、C.5;地基加固,附录B.1。

## 第一节 土石方工程

### 一、土石方工程基础知识

#### 1. 土壤及岩石的分类

(1) 土方工程中土方类别根据"土壤及岩石(普氏)分类表"划分为一、二、三与四类,具体划分范围详见土壤(普氏)分类表。

土壤及岩石
(普氏)分类表

除上述四种土壤外,有些省(市)定额还考虑了下列几种土壤:淤泥、流砂。

(2) 岩石根据"土壤及岩石(普氏)分类表"划分为松石、次坚石、普坚石与特坚石,其具体划分范围详见岩石(普氏)分类表。

(3) 土石方开挖时,遇同一工程中发生土石方类别不同时,除定额另有规定外,应按类别不同分别进行工程量计算。

#### 2. 土石方工程知识

(1) 土方工程按施工方法分为人工土方与机械土方。

① 人工土方是采用镐、锄、铲或小型机具施工的土方工程,适用于土方量小,运输距离近或不宜采用机械施工的土方工程。

② 机械土方主要采用挖掘机、推土机、装载机、压路机、自卸汽车等,定额有单种机械施工,也有多种机械配合施工的机械土方子目。机械的选型应根据现场施工条件、土质、土方量大小、机械性能和企业机械装备情况综合确定。

土方施工
机械性能表

(2) 干、湿土的划分首先以地质勘探资料为准,含水率大于 25% 为湿土;或以地下常水位为准,常水位以下为湿土,常水位以上为干土。采用井点降水施工方法,则土方均按干土考虑。

（3）土方体积按其密实程度分为：天然密实体积（自然方）、夯实后体积（实方）、虚方体积、松填体积。本章定额的土、石方体积均以天然密实体积（自然方）计算，回填土按碾压后的体积（实方）计算。土方体积换算见表2-1。

> 夯实后体积：按规范要求，经分层碾压、夯实后的土壤体积。
> 虚方体积：挖土后未经碾压、堆积时间≤1年的土壤体积（GB 50845—2013定义）。
> 松填体积：指挖出的土自然堆放、未经夯实填在坑、槽中的土。

表2-1　土方体积换算表

| 虚方体积 | 天然密实体积 | 夯实后体积 | 松填体积 |
|---|---|---|---|
| 1.00 | 0.77 | 0.67 | 0.83 |
| 1.30 | 1.00 | 0.87 | 1.08 |
| 1.50 | 1.15 | 1.00 | 1.25 |
| 1.20 | 0.92 | 0.80 | 1.00 |

**例2-1**　某土方工程，按施工图计算得挖方工程量15 000 m³，填方工程量为3 000 m³（需夯实回填），请计算弃土外运的工程量。

**解**　外运土方应按自然方计算，填土工程量3 000 m³为夯实后工程量，应转换成自然方，查表得，夯实后体积：自然方体积＝1：1.15，则填土所需自然方工程量为：3 000×1.15＝3 450 m³，故土方外运工程量为：15 000－3 450＝11 550 m³。

## 二、土石方工程清单编制

### 1. 土方工程清单工程量计算

土方工程工程量清单项目设置、项目特征描述的内容、计量单位及工程量计算规则按表2-2（《计量规范》表 A.1）规定执行。

土石方工程
清单编制

表2-2　土方工程（编号：010101）

| 项目编码 | 项目名称 | 项目特征 | 计量单位 | 工程量计算规则 | 工作内容 |
|---|---|---|---|---|---|
| 040101001 | 挖一般土方 | 1. 土壤类别<br>2. 挖土深度 | m³ | 按设计图示尺寸以体积计算 | 1. 排地表水<br>2. 土方开挖<br>3. 围护（挡土板）及拆除<br>4. 基底钎探<br>5. 场内运输 |
| 040101002 | 挖沟槽土方 | | | 按设计图示尺寸以基础垫层底面积乘以挖土深度计算 | |
| 040101003 | 挖基坑土方 | | | | |
| 040101004 | 暗挖土方 | 1. 土壤类别<br>2. 平洞，斜洞（坡度）<br>3. 运距 | | 按设计图示断面乘以长度以体积计算 | 1. 排地表水<br>2. 土方开挖<br>3. 场内运输 |
| 010101005 | 挖淤泥、流砂 | 1. 挖掘深度<br>2. 运距 | | 按设计图示位置、界限以体积计算 | 1. 开挖<br>2. 运输 |

（1）沟槽、基坑、一般土方的划分为：底宽≤7 m且底长>3倍底宽为沟槽，底长≤3倍底宽且底面积≤150 m²为基坑。超出上述范围则为一般土方。

（2）土壤的分类应按照表2-3(规范表A.1-1)确定。

表2-3　土壤分类表

| 土壤分类 | 土壤名称 | 开挖方法 |
|---|---|---|
| 一、二类土 | 粉土、砂土(粉砂、细砂、中砂、粗砂、砾砂)、粉质黏土、弱中盐渍土、软土(淤泥质土、泥炭、泥炭质土)、软塑红黏土、冲填土 | 用锹，少许用镐、条锄开挖。机械能全部直接铲挖满载者 |
| 三类土 | 黏土、碎石土(圆砾、角砾)、混合土、可塑红黏土、硬塑红黏土、强盐渍土、素填土、压实填土 | 主要用镐、条锄，少许用锹开挖。机械需部分刨松方能铲挖满载者或可直接铲挖但不能满载者 |
| 四类土 | 碎石土(卵石、碎石、漂石、块石)、坚硬红黏土、超盐渍土、杂填土 | 全部用镐、条锄挖掘，少许用撬棍挖掘。机械需普遍刨松方能铲挖满载者 |

注：本表土的名称及其含义按现行国家标准《岩土工程勘察规范》(GB 50021—2001)(2009年局部修订版)定义。

（3）如土壤类别不能确定时，招标人可注明为综合，由投标人根据地质勘查报告决定报价。

（4）土方体积应按照挖掘前的天然密实体积计算。

天然密实体积：史上自然形成的状态，未经开挖施工过的土(石)方体积。

（5）挖沟槽、基坑土方中的挖土深度，一般指原地面标高至槽、坑底的平均高度。

（6）挖沟槽、基坑、一般土方因放坡和工作面增加的工程量，是否并入各土方工程量中，按各省、自治区、直辖市或行业建设主管部门的规定实施。如并入各土方工程量中，编制工程量清单时，可按表2-4(规范表A.1-2)、表2-5(规范表A.1-3)规定计算；办理工程结算时，按经发包人认可的施工组织设计规定计算。

（7）挖沟槽、基坑、一般土方和暗挖土方清单项目中的工作内容中仅包括了土方场内平衡所需的运输费用，如需土方外运时，按040103002"余方弃置"项目编码列项。

表2-4　放坡系数表

| 土类别 | 放坡起点(m) | 人工挖土 | 机械挖土 | | |
|---|---|---|---|---|---|
| | | | 在沟槽、坑内作业 | 在沟槽侧、坑边上作业 | 顺沟槽方向坑上作业 |
| 一、二类土 | 1.20 | 1：0.50 | 1：0.33 | 1：0.75 | 1：0.50 |
| 三类土 | 1.50 | 1：0.33 | 1：0.25 | 1：0.67 | 1：0.33 |
| 四类土 | 2.00 | 1：0.25 | 1：0.10 | 1：0.33 | 1：0.25 |

注：1. 沟槽、基坑中土类别不同时，分别按其放坡起点、放坡系数，依不同土类别厚度加权平均计算。
　　2. 计算放坡时，在交接处的重复工程量不予扣除，原槽、坑做基础垫层时，放坡自垫层上表面开始计算。
　　3. 本表按《全国统一市政工程预算定额》(GYD—301—1999)整理，并增加机械挖土顺沟槽方向坑上作业的放坡系数。

表 2-5    管沟施工每侧所需工作面宽度计算表    单位:mm

| 管道结构宽 | 混凝土管道基础90° | 混凝土管道基础>90° | 金属管道 | 构筑物 | |
|---|---|---|---|---|---|
| | | | | 无防潮层 | 有防潮层 |
| ≤500 | 400 | 400 | 300 | 400 | 600 |
| ≤1 000 | 500 | 500 | 400 | | |
| ≤2 500 | 600 | 500 | 400 | | |
| >2 500 | 700 | 600 | 500 | | |

注:1. 管道结构宽:有管座按管道基础外缘计算,无管座按管道外径计算;构筑物按基础外缘计算。
　　2. 本表按《全国统一市政工程预算定额》(GYD—301—1999)整理,并增加管道结构宽2 500 mm以上的工作面宽度值。

(8)挖方出现淤泥、流砂时,如设计未明确,在编制工程量清单时,其工程数量可为暂估值。结算时,应根据实际情况,由发包人与承包人双方现场签证确认工程量。

(9)挖淤泥、流砂的运距可以不描述,但应注明由投标人根据施工现场实际情况自行考虑决定报价。

**2. 石方工程清单工程量计算**

石方工程工程量清单项目设置、项目特征描述的内容、计量单位及工程量计算规则按照表 2-6(规范表 A.2)规定执行。

表 2-6    石方工程(编号:040102)

| 项目编码 | 项目名称 | 项目特征 | 计量单位 | 工程量计算规则 | 工作内容 |
|---|---|---|---|---|---|
| 040102001 | 挖一般石方 | 1. 岩石类别 2. 开凿深度 | m³ | 按设计图示尺寸以体积计算 | 1. 排地表水 2. 石方开凿 3. 修整底、边 4. 场内运输 |
| 040102002 | 挖沟槽石方 | | | 按设计图示尺寸以基础垫层底面积乘以挖石深度计算 | |
| 040102003 | 挖基坑石方 | | | | |

(1)沟槽、基坑、一般石方的划分为:底宽≤7 m且底长>3 倍底宽为沟槽,底长≤3 倍底宽且底面积≤150 m²为基坑。超出上述范围则为一般石方。

(2)岩石的分类应按照表 2-7(规范表 A.2-1)确定。

(3)岩石体积应按照挖掘前的天然密实体积计算。

(4)挖沟槽、基坑、一般石因放坡和工作面增加的工程量,是否并入各石方工程量中,按各省、自治区、直辖市或行业建设主管部门的规定实施。如并入各石方工程量中,编制工程量清单时,其所需增加的工程数量可为暂估值,在清单项目中予以注明;办理工程结算时,按经发包人认可的施工组织设计规定计算。

(5)挖沟槽、基坑、一般石方清单项目中的工作内容中仅包括了石方场内平衡所需的运输费用,如需石方外运时,按 040103002"余方弃置"项目编码列项。

(6)石方爆破按现行国家标准《爆破工程工程量计算规范》(GB 50862—2013)相关项目编码列项。

表2-7　岩石分类表

| 岩石分类 | | 代表性岩石 | 开挖方法 |
|---|---|---|---|
| 极软岩 | | 1. 全风化的各种岩石<br>2. 各种半成岩 | 部分用手凿工具,部分用爆破法开挖 |
| 软质岩 | 软岩 | 1. 强风化的坚硬岩或较硬岩<br>2. 中等风化—强风化的较软岩<br>3. 未风化—微风化的页岩、泥岩、泥质砂岩等 | 用风镐和爆破法开挖 |
| | 较软岩 | 1. 中等风化—强风化的坚硬岩或较硬岩<br>2. 未风化—微风化的凝灰岩、千枚岩、泥灰岩、砂质泥岩等 | |
| 硬质岩 | 较硬岩 | 1. 微风化的坚硬岩<br>2. 未风化—微风化的大理岩、板岩、石灰岩、白云岩、钙质砂岩等 | 用爆破法开挖 |
| | 坚硬岩 | 未风化—微风化的花岗岩、闪长岩、辉绿岩、玄武岩、安山岩、片麻岩、石英岩、石英砂岩、硅质砾岩、硅质石灰岩等 | |

注:本表依据现行国家标准《工程岩体分级标准》(GB 50218—94)和《岩土工程勘察规范》(GB 50021—2001)(2009年局部修订版)整理。

### 3. 土石方运输

回填方及土石方运输工程量清单项目设置、项目特征描述的内容、计量单位及工程量计算规则按照表2-8(规范表A.3)规定执行。

表2-8　回填方及土石方运输(编号:040103)

| 项目编码 | 项目名称 | 项目特征 | 计量单位 | 工程量计算规则 | 工程内容 |
|---|---|---|---|---|---|
| 040103001 | 回填方 | 1. 密实度要求<br>2. 填方材料品种<br>3. 填方粒径要求<br>4. 填方来源、运距 | m³ | 1. 按挖方清单项目工程量加原地面线至设计要求标高间的体积,减基础、构筑物等埋入体积计算<br>2. 按设计图示尺寸以体积计算 | 1. 运输<br>2. 回填<br>3. 压实 |
| 040103002 | 余方弃置 | 1. 废弃料品种<br>2. 运距 | | 按挖方清单项目工程量减利用回填方体积(正数)计算 | 余方点装料运输至弃置点 |

(1)填方材料品种为土时,可以不描述。

(2)填方粒径,在无特殊要求情况下,项目特征可以不描述。

(3)对于沟、槽、坑开挖后再进行回填方的清单项目,其工程量计算规则按第1条确定;场地填方等按第2条确定。其中,对工程量计算规则1,当原地面线高于设计要求标高时,则其体积为负值。

(4)回填方总工程量中若包括场内平衡和缺方内运两部分时,应分别编码列项。

(5)余方弃置和回填方的运距可以不描述,但应注明由投标人根据施工现场实际情况自行考虑决定报价。

（6）回填方如需缺方内运，且填方材料品种为土方时，是否在综合单价中计入购买土方的费用，由投标人根据工程实际情况自行考虑决定报价。

## 三、土石方工程清单报价（依据《江苏省市政工程计价定额》2014 版）

### 1. 报价工程量计算

开挖、回填土方工程量按设计图纸计算以体积 $m^3$ 计，土方开挖体积已算成天然密实体积（自然方），回填土体积已算成碾压夯实后的体积（实方）。干湿土方工程量分别计算。

计算土方运输时，体积按天然密实体积（自然方）计算，应采用土方体积换算表折算。

土方开挖：

市政专业管道工程土方一般属于沟槽土方范围，管道构造物及桥梁墩台部分土方一般属于基坑土方，而道路、广场土方则大多归类为一般土方（平均填挖高度小于 30cm 除外），具体计算公式分别如下：

（1）沟槽土方

图 2-1　有管座　　　　　　　图 2-2　无管座

① 开挖沟槽土方计算公式：

$$V = (B + 2C + kH) \times H \times L \times (1 + 2.5\%)$$

其中：$B$——管道结构宽，有管座的按基础外边缘计算（不包括各类垫层），无管座的按管道外径计算。如设挡土板则每侧增加 0.1 米。

$C$——工作面宽，设计无明确时，按表 2-9 取用。

**表 2-9　管沟底部每侧工作面宽度（mm）**

| 管道结构宽 | 砼管基础 90° | 砼管基础＞90° | 金属管道 | 塑料管道 |
|---|---|---|---|---|
| ≤500 | 400 | 400 | 300 | 300（无支撑） |
| ≤1 000 | 500 | 500 | 400 | |
| ≤2 500 | 600 | 500 | 400 | |

$B + 2C$——沟槽底宽，UPVC 管道有支撑时，沟槽底宽按表 2-10 取用。

**表 2-10　塑料管道有支撑沟槽开挖宽度（mm）**

| 管径深度 | DN150 | DN225 | DN300 | DN400 | DN500 | DN500 | DN800 | DN1 000 |
|---|---|---|---|---|---|---|---|---|
| ≤3 米 | 800 | 900 | 1 000 | 1 100 | 1 200 | 1 300 | 1 500 | 1 700 |
| ≤4 米 | / | 1 100 | 1 200 | 1 300 | 1 400 | 1 500 | 1 700 | 1 900 |
| ＞4 米 | / | / | / | 1 400 | 1 500 | 1 600 | 1 800 | 2 000 |

$k$——放坡系数,各类土开挖深度超过表中放坡起点深度时,按表 2-11 取用。如遇同一断面有不同类别土质时,按各类土所占全深的百分比加权平均。

表 2-11　挖土放坡系数表

| 土壤类别 | 放坡起点深度超过(m) | 人工开挖 | 机械开挖 | | |
|---|---|---|---|---|---|
| | | | 在槽坑底作业 | 在槽坑边作业 | 沿沟槽方向作业 |
| 一、二类土 | 1.20 | 1:0.50 | 1:0.33 | 1:0.75 | 1:0.33 |
| 三类土 | 1.50 | 1:0.33 | 1:0.25 | 1:0.50 | 1:0.25 |
| 四类土 | 2.00 | 1:0.25 | 1:0.10 | 1:0.33 | 1:0.10 |

$H$——沟槽平均深度,当道路工程与排水管道同时施工时,道路土方按常规计算,管道土方沟槽平均深度按以下方法计取:填方路段从自然地面标高至沟槽底标高,挖方路段从设计路基标高至沟槽底标高。

$L$——沟槽长度,按管道同一管径两端井室中心线间距计算。

2.5%——考虑管道作业坑或沿线各种井室所增加的土石方,按沟槽全部土石方量的 2.5% 计算。

② 干、湿土分别计算工程量

由于挖运湿土时要考虑施工降效影响,定额计价需乘以 1.18 的湿土系数,干、湿土在完成挖运工作时执行不同的基价,因此需要分别计算干湿土工程量。设计图纸所示干湿土其划分一般是以地下水位线为界,其下为湿土,其上为干土。计算时先按沟槽全部开挖方量,再根据湿土高度计算湿土方量,干土方量即为全部开挖方量与湿土方量之差。

$$V_{全} = (B + 2C + kH) \times H \times L$$

$$V_{湿} = (B + 2C + kH_{湿}) \times H_{湿} \times L$$

$$V_{干} = V_{全} - V_{湿}$$

③ 机械挖槽坑时人工辅助开挖工程量,按实际开挖土方工程量计算。

**例 2-2**　某排水工程沟槽开挖,采用机械开挖(沿沟槽方向),人工清底。土壤类别为三类,原地面平均标高 4.5 m,设计槽坑底平均标高为 2.3 m,开挖深度 2.2 m,设计槽坑底宽(含工作面)为 1.8 米,沟槽全长 2 km,机械挖土挖至基底标高以上 20 cm 处,其余为人工开挖。试分别计算该工程机械及人工土方数量。

**解**　该工程土方开挖深度为 2.2 m,土壤类别为三类,需放坡,查定额得放坡系数为 0.25。

土石方总量:$V_{总} = (1.8 + 0.25 \times 2.2) \times 2.2 \times 2\,000 \times 1.025 = 10\,599$ m³

其中:人工辅助开挖量:$V_{人工} = (1.8 + 0.25 \times 0.2) \times 0.2 \times 2\,000 \times 1.025 = 759$ m³

机械土方量:$V_{机械} = 10\,599 - 759 = 9\,840$ m³

(2)基坑土方(见图 2-3)。

工程量可按设计图示开挖尺寸以体积计算,计算公式如下:

图 2-3 基坑土方

$$V_{\text{矩形}} = (B + 2C + kH) \times (L + 2C + kH) \times H \times k2H3/3$$

$$V_{\text{圆形}} = H/3\left[(R+C)2 + (R+C)(R+C+kH) + (R+C+kH)2\right]$$

$$V_{\text{通用}} = H/6(S_{\text{上}} + S_{\text{下}} + 4S_{\text{中}})$$

其中:$V$——挖基坑土方体积。

$B,L$——基坑结构宽度与结构长度。即构筑物基础外缘的长与宽,如设挡土板时,设挡土板这侧增加 10 厘米。

$R$——基坑底结构圆半径。

$C$——工作面宽度。构筑物底部设有防潮层时,每侧工作面宽度取 600 mm,不设防潮层时,每侧工作面宽度取 400 mm。

$H$——自然地面标高(或设计地面标高)至构筑物基坑底部标高。

$k$——放坡系数,同表 2-11。

$S_{\text{下}}$——基坑底面积,按构筑物设计尺寸每侧加工作面宽度计算。

$S_{\text{上}}$——基坑顶面积,每边尺寸较坑底增加 $2kH$。

$S_{\text{中}}$——基坑中截面面积,计算方法同基坑顶面积,深度按基坑全深一半计取。

(3) 道路土方

在编制预算阶段,道路土石计算数据来源于逐桩横断面施工图及与其对应的土石方数量表。道路逐桩横断面施工图表示每个设计桩号处的路基填挖高度以及该桩号断面的填方,挖方。计算道路土方工程量时填挖方体积需分别计算,当道路工程与给排水等工程结合施工时,应注意土方工程量计算时的重复或漏算。

计算道路土石方数量常采用平均断面计算法,计算公式如下:

$$V = \sum (S_1 + S_2)/2 \times L$$

其中:$S_1$、$S_2$——相邻两桩号横断面填,挖面积。

$(S_1 + S_2)/2$——相邻两桩号间平均断面面积。

$L$——道路相邻两桩号间长度,即两桩号之差。

**例 2-3** 某新建道路工程全长 280 m,路宽 7 m,土壤类别为三类,填方要求密实度达到 95%。请用平均断面法计算表 2-12 所列土方工程,分别算出挖土和填土体积。

表 2-12 土方工程量计算表

| 桩号 | 距离 | 挖 土 | | | 填 土 | | |
|---|---|---|---|---|---|---|---|
| | | 横断面积 | 平均断面积 | 体积 | 横断面积 | 平均断面积 | 体积 |
| | (m) | (m²) | (m²) | (m³) | (m²) | (m²) | (m³) |
| K0+000 | | 2.75 | | | 2.46 | | |
| | 35 | | | | | | |
| K0+035 | | 2.13 | | | 2.69 | | |
| | 11 | | | | | | |
| K0+046 | | | | | 9.36 | | |
| | 32 | | | | | | |
| K0+078 | | | | | 8.43 | | |
| | 65 | | | | | | |
| K0+143 | | 1.24 | | | 4.42 | | |
| | 72 | | | | | | |
| K0+215 | | 5.25 | | | | | |
| | 65 | | | | | | |
| K0+280 | | 2.35 | | | 2.68 | | |
| 合计 | | | | | | | |

**解** （1）计算相邻两桩号间平均断面：$A_{平均}=(A_1+A_2)/2$

（2）计算相邻两桩号间体积：$V=A_{平均}L$

（3）计算过程及结果如表 2-13 所示

表 2-13 土方工程量计算表

| 桩号 | 距离 | 挖 土 | | | 填 土 | | |
|---|---|---|---|---|---|---|---|
| | | 横断面积 | 平均断面积 | 体积 | 横断面积 | 平均断面积 | 体积 |
| | (m) | (m²) | (m²) | (m³) | (m²) | (m²) | (m³) |
| K0+000 | | 2.75 | | | 2.46 | | |
| | 35 | | 2.44 | 85.400 | | 2.575 | 90.125 |
| K0+035 | | 2.13 | | | 2.69 | | |
| | 11 | | 1.065 | 11.715 | | 6.025 | 66.275 |
| K0+046 | | | | | 9.36 | | |
| | 32 | | 0.000 | 0.000 | | 8.895 | 284.64 |
| K0+078 | | | | | 8.43 | | |
| | 65 | | 0.620 | 40.300 | | 6.425 | 417.625 |
| K0+143 | | 1.24 | | | 4.42 | | |
| | 72 | | 3.245 | 233.640 | | 2.210 | 159.12 |
| K0+215 | | 5.25 | | | | | |
| | 65 | | 3.800 | 247.000 | | 1.34 | 87.100 |
| K0+280 | | 2.35 | | | 2.68 | | |
| 合计 | | | | 618.06 | | | 1 104.89 |

（4）广场等大面积场地平整或平基土方

平整场地工程量按构筑物结构外边缘各增加 2 m 计算面积，以 m² 计。

平基土方挖填土方工程量一般采用方格网法计算。

方格网法计算过程：根据地形起伏变化大小情况，按如下方法进行：

① 选择适当方格尺寸。有 5 m×5 m、10 m×10 m、20 m×20 m、100 m×100 m 等。方格愈小，计算精确度愈高；反之，方格愈大，精确度愈小。

② 方格编号，标注方格四个角点的自然地坪标高。设计路基标高并计算施工高度。施工标高为设计路基标高与自然地面标高的差值，填方为"＋"，挖方为"－"。见图 2-4。

③ 计算两个角点之间的零点。在一个方格网内同时有填方或挖方时，要先算出方格网边的零点位置，并标注于方格网上。当两个角点中一个"＋"，一个"－"值时，两点连线之间必有零点，它是填方区与挖方区的分界线。

④ 判断方格挖方与填方区（即确定零线），见图 2-5。

图 2-4　角点标高标注

图 2-5　挖、填方区域示意图

⑤ 分别计算各方格填挖工程量。

填挖工程量按各计算图形底面积乘以各交点平均施工高程计算得出。即：

$$V = \sum h_i/n \times S$$

其中：$n$——填方或挖方区域多边体的角点个数。

$h_i$——填方或挖方区域多边体各角点的施工高度。

$S$——填方或挖方区域多边体的面积。

**例 2-4**　计算某工程挖填土方工程量。方格网 20×20，见图 2-6。

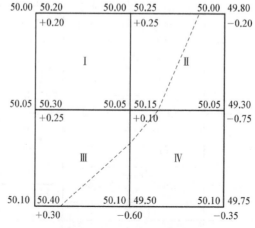

图 2-6　方格网法图例

**解** ① Ⅰ方格

$V_{Ⅰ填} = (0.2 + 0.25 + 0.25 + 0.1)/4 × 20^2 = 80 \ m^3$

② Ⅱ方格

$V_{Ⅱ挖} = (0.2 + 0.75)/4 × 1/2 × 20 × (17.65 + 8.89) = 63.03 \ m^3$

$V_{Ⅱ填} = (0.1 + 0.25)/4 × 1/2 × 20 × (2.35 + 11.11) = 11.78 \ m^3$

③ Ⅲ方格

$V_{Ⅲ挖} = 0.6/3 × 1/2 × 13.33 × 17.14 = 22.85 \ m^3$

$V_{Ⅲ填} = (0.25 + 0.12 + 0.3)/5 × (20^2 - 1/2 × 2.35 × 17.14) = 37.15 \ m^3$

④ Ⅳ方格请同学们试着自己计算。

**2. 预算定额的应用**

江苏省 2014 版市政计价定额第一册通用项目,第一章土石方工程有 28 节 465 个子目。

(1) 干、湿土的划分首先以地质勘察资料为准,含水率不低于 25% 为湿土;或以地下常水位为准,常水位以上为干土,以下为湿土。挖湿土时,人工定额子目和机械定额子目乘以系数 1.18,干、湿土工程量分别计算。采用井点降水的土方应按干土计算。

(2) 人工夯实土堤、机械夯实土堤,执行本章人工填土夯实平地、机械填土夯实平地子目。挖土机在垫板上作业,人工和机械乘以系数 1.25,搭拆垫板的费用另行计算。

(3) 推土机推土或铲运机铲土的平均土层厚度小于 30 cm 时,其推土机台班乘以系数 1.25,铲运机台班乘以系数 1.17。

(4) 在支撑下挖土,按实挖体积,人工定额子目乘以系数 1.43,机械定额子目乘以系数 1.20。先开挖后支撑的不属于支撑下挖土。

(5) 挖密实的钢碴,按挖四类土,人工定额子目乘以系数 2.50,机械定额子目乘以系数 1.50。0.2 m³ 抓斗挖土机挖土、淤泥、流砂,按 0.5 m³ 抓铲挖掘机挖土、淤泥、流砂定额消耗量乘以系数 2.50 计算。

(6) 本定额不包括现场障碍物清理,障碍物清理费用另行计算。弃土、石方的场地占用费按当地规定处理。本章定额中为满足环保要求而配备了洒水汽车在施工现场降尘,若实际施工中未采用洒水汽车降尘的,应扣除洒水汽车和水的费用。

(7) 挖泥船挖泥子目是按挖泥船在正常工作时考虑的,由于风浪、雨雾、潮汐、水位、流速及行船避让、木排流放、冰凌以及水下芦苇、树根、水下障碍物等不可避免的外界原因,影响挖泥船正常工作时,按下表 2-14 二次系数调整定额。

表 2-14 挖泥船挖泥子目二次系数表

| 平均每台班影响时间(h) | ≤1.3 | ≤1.8 | ≤2.4 | ≤2.9 | ≤3.4 |
|---|---|---|---|---|---|
| 二次系数 | 1.00 | 1.12 | 1.27 | 1.44 | 1.64 |

**3. 清单实例**

某道路修筑桩号为 0+050 至 0+550,路面宽度为 10 m,路肩各宽 0.5 m,土质为三类土,填方要求密实度达到 93%(10T 震动压路机碾压),道路挖土 3 980 m³,填方 2 080 m³。施工采用 1 m³ 反铲挖掘机挖三类土(不装车);土方平衡挖、填土方场内运输 50 米(75 kW 推土机推土)不考虑机械进退场;余方弃置拟用人工装土,自卸汽车(8 t)运输 3 km;路床碾压按路面宽度每边加 30 cm。根据上述情况,进行道路土方工程工程量清单分部分项计价。

（人、材、机价格及费率标准依据2014江苏省市政工程计价定额，不调整。）

表2-15 工程量计算表

| 序号 | 子目名称 | 计算公式 | 单位 | 数量 | 备注 |
|---|---|---|---|---|---|
| 1 | 挖一般土方（三类土） | 题中给定 | m³ | 3 980 | 清单工程量 |
| | 1 m³反铲挖掘机Ⅲ类土（不装车） | 题中给定 | m³ | 3 980 | 计价定额工程量 |
| | 土方场内运输60米（一二类土） | 题中给定 | m³ | 3 980 | 计价定额工程量 |
| 2 | 填方（密实度93%） | 题中给定 | m³ | 2 080 | |
| 3 | 余方弃置 | 3 980－2 080×1.15 | m³ | 1 588 | 清单工程量 |
| | 余方弃置 | 3 980－2 080×1.15 | m³ | 1 588 | 计价定额工程量 |

表2-16 工程量清单综合单价分析表

| 项目编码 | 040101001001 | 项目名称 | 挖一般土方 | 计量单位 | m³ | 清单工程量 | 3 980 |
|---|---|---|---|---|---|---|---|
| 清单综合单价组成明细 | | | | | | | |
| 定额编号 | 名称 | | 单位 | 计价定额工程量 | 基价 | | 合价 |
| 1-222 | 1 m³反铲挖掘机挖三类土（不装车） | | 1 000 m³ | 3.98 | 6 356.58 | | 25 299.19 |
| 1-77 | 75 kW推土机推土50 m | | 1 000 m³ | 3.98 | 6 246.25 | | 24 860.08 |
| 计价表合价汇总（元） | | | | | | | 50 159.27 |
| 清单项目综合单价（元） | | | | | | | 12.60 |

表2-17 工程量清单综合单价分析表

| 项目编码 | 040103001001 | 项目名称 | 回填方 | 计量单位 | m³ | 清单工程量 | 2 080 |
|---|---|---|---|---|---|---|---|
| 清单综合单价组成明细 | | | | | | | |
| 定额编号 | 名称 | | 单位 | 计价定额工程量 | 基价 | | 合价 |
| 1-376 | 振动压路机填土碾压 | | 1 000 m³ | 2.08 | 4 581.48 | | 9 529.48 |
| 计价表合价汇总（元） | | | | | | | 9 529.48 |
| 清单项目综合单价（元） | | | | | | | 4.58 |

表2-18 工程量清单综合单价分析表

| 项目编码 | 040103002001 | 项目名称 | 余方弃置 | 计量单位 | m³ | 清单工程量 | 1 588 |
|---|---|---|---|---|---|---|---|
| 清单综合单价组成明细 | | | | | | | |
| 定额编号 | 名称 | | 单位 | 计价定额工程量 | 基价 | | 合价 |
| 1-1 | 人工挖一、二类土 | | 100 m³ | 15.88 | 1 485.35 | | 23 587.36 |
| 1-279 | 自卸汽车（8 t以内）运土3 km | | 1 000 m³ | 1.588 | 14 032.78 | | 22 284.05 |
| 计价表合价汇总（元） | | | | | | | 45 871.41 |
| 清单项目综合单价（元） | | | | | | | 28.89 |

# 第二节　打拔工具桩

## 一、打拔工具桩基础知识

工具桩属临时性桩工程，通常用于市政工程中的沟槽、基坑或围堰等工程中，采取打桩形式进行支撑围护和加固。

### 1. 按工具桩材质分类

（1）木质工具桩。

原木制作，按断面有圆木桩与木板桩。圆木桩一般采用疏打，即桩与桩之间有一定距离；木板桩一般采用密打形式，即桩与桩之间不留空隙。

图2-7　圆木桩

图2-8　木板桩

（2）钢制工具桩。

用槽钢或工字钢制作，通常为密打形式，见图2-9。

图2-9　槽钢工具桩

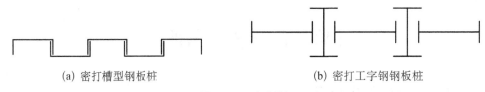

(a) 密打槽型钢板桩　　　　　　　　　(b) 密打工字钢钢板桩

图 2-10　钢板桩

**2. 按打桩设备分类**

（1）简易打拔桩机。

简易打桩机：一般由桩架、吊锤和卷扬机组成。简易拔桩机：一般由人字杠杆和卷扬机组成。所以，简易打拔桩机也称卷扬机打拔。

图 2-11　振动打拔桩机

图 2-12　简易打拔桩机

（2）柴油打桩机。

一般由专用柴油打桩架和柴油内燃式桩锤组成。

图 2-13　柴油打桩机 1

图 2-14　柴油打桩机 2

### 3. 按打拔工具桩土质类别划分类

表 2‑19　打拔桩土质类别划分表

| 土壤级别 | 鉴别方法 | | | | | | | | 说明 |
| --- | --- | --- | --- | --- | --- | --- | --- | --- | --- |
| | 砂夹层情况 | | | 土壤物理、力学性质 | | | | | |
| | 砂层连续厚度（m） | 砂粒种类 | 砂层中卵石含量(%) | 孔隙比 | 天然含水量（%） | 压缩系数 | 静力触探值 | 动力触探值 | 每10 m纯平均沉桩时间(min) | |
| 甲级土 | | | | >0.8 | >30 | >0.03 | <30 | <7 | 15以内 | 桩经机械作用易沉入的土 |
| 乙级土 | <2 | 粉细砂 | | 0.6~0.8 | 25~30 | 0.02~0.03 | 30~60 | 7~15 | 25以内 | 土壤中夹有较薄的细砂层，桩经机械作用易沉入的土 |
| 丙级土 | >2 | 中粗砂 | >15 | <0.6 | | <0.02 | >60 | >15 | 25以外 | 土壤中夹有较厚的粗砂层，桩经机械作用较难沉入的土 |

### 4. 按打拔工具桩的施工环境(水上、陆)分类

表 2‑20　水上、陆上打拔工具桩划分表

| 项目名称 | 说明 |
| --- | --- |
| 水上作业 | 距岸线>1.5 m,水深>2 m |
| 陆上作业 | 距岸线≤1.5 m 水深≤1 m |
| 水、陆作业各占50% | 1 m<水深≤2 m |

注：(1) 岸线指施工期间最高水位时，水面与河岸的相交线。
　　(2) 水深指施工期间最高水位时的水深度。
　　(3) 水上打拔工具桩是按二艘驳船捆扎成船台作业。

## 二、打拔工具桩清单编制

圆木桩、预制钢筋混凝土板桩,按照表 2‑21(规范表 C.2)中的规定执行。在工程施工过程中应用比较广泛的钢板桩,清单计算规范中缺项,招标人可自行补充清单。

打拔桩清单编制

表 2‑21　基坑与边坡支护(编码：040302)

| 项目编码 | 项目名称 | 项目特征 | 计量单位 | 工程量计算规则 | 工作内容 |
| --- | --- | --- | --- | --- | --- |
| 040302001 | 圆木桩 | 1. 地层情况<br>2. 桩长<br>3. 材质<br>4. 尾径<br>5. 桩倾斜度 | 1. m<br>2. 根 | 1. 以米计量，按设计图示尺寸以桩长(包括桩尖)计算<br>2. 以根计量，按设计图示数量计算 | 1. 工作平台搭拆<br>2. 桩机移位<br>3. 桩制作、运输、就位<br>4. 桩靴安装<br>5. 沉桩 |

续　表

| 项目编码 | 项目名称 | 项目特征 | 计量单位 | 工程量计算规则 | 工作内容 |
|---|---|---|---|---|---|
| 040202002 | 预测钢筋混凝土板桩 | 1. 地层情况<br>2. 送桩深度，桩长<br>3. 桩截面<br>4. 混凝土强度等级 | 1. m³<br>2. 根 | 1. 以立方米计量，按设计图示桩长(包括桩尖)乘以桩的断面积计算<br>2. 以根计量，按设计图示数量计算 | 1. 工作平台搭拆<br>2. 桩就位<br>3. 桩机移位<br>4. 沉桩<br>5. 接桩<br>6. 送桩 |

圆木桩体积以"m³"或"根"计，钢板桩工程量以"t"计，预制钢筋混凝土板桩以"m³"或"根"计。

### 三、打拔工具桩清单报价

**1. 打拔工具桩计价工程量计算**

(1) 水深在1～2米之间，其工程量按水、陆工程量各50％计算。

(2) 圆木桩体积以 m³ 计，按设计桩长和圆木桩小头直径查《木材材积速算表》。

(3) 钢板桩工程量以吨计，按设计桩长×钢板桩理论重量(t/m)×钢板桩根数。

(4) 竖拆打拔桩架次数按施工组织设计规定计算。如无施工组织设计规定时，按打桩的进行方向，双排桩每100 m，单排桩每200 m计算一次，不足一次的按一次计算。

**2. 打拔工具桩定额应用**

江苏省2014版市政计价定额本章内容分为10节60个子目。

(1) 本章定额适用于市政各专业册的打、拔工具桩。

(2) 定额中所指的水上作业，是以距岸线1.5 m以外或者水深在2 m以上的打拔桩。距岸线1.5 m以内时，水深在1 m以内者，按陆上作业考虑；水深在1 m以上2 m以内者，其工程量按水、陆各50％计算。

(3) 水上卷扬机、柴油打桩机打拔工具桩按两艘驳船捆扎成船台作业，驳船捆扎和拆除费用按《第三册　桥涵工程》相应定额执行。

(4) 打拔工具桩均以直桩为准，如遇打斜桩(包括俯打、仰打)，按相应定额人工、机械乘以系数1.35。

(5) 导桩及导桩夹木的制作、安装、拆除已包括在相应定额中。

(6) 圆木桩按疏打计算；钢板桩按密打计算；如钢板桩需要疏打时，按相应定额人工乘以系数1.05。

(7) 打拔桩架90°调面及超运距移动已综合考虑。

(8) 竖、拆0.6 t柴油打桩机架费用另行计算。

(9) 钢板桩和木桩的防腐费用等已包括在其他材料费用中。钢板桩的使用费标准6.80元/(吨·天)。各市可根据钢材市场价格行情定期调整钢板桩的使用费标准。水上卷扬机、水上柴油打桩机打拔工具桩项目如发生水上短驳，短驳费用另行计算。

# 第三节 围堰工程

## 一、围堰工程基础知识

为了确保主体工程及附属工程在施工过程中不受水流的侵袭,通常采用一种临时性的挡水措施,即围堰工程。根据河湖水深、流速、河床的地质条件,施工技术水平与就地取材情况确定堰体材料,形成不同类型的围堰。堰体施工一般是由岸边向河心填筑,在河心合拢。也可以在施工条件允许下,在湖中心同时填筑,加快施工速度。

### 1. 土草围堰

(1)筑土围堰:当流速缓慢,水深不大于 2 米,冲刷作用很小,其底为不渗水土质时,采用筑土围堰。一般就地取土筑堰。

(2)草袋(编织袋)围堰。

当流速在 2 米/秒以内,水深不大于 3.5 米时,采用草袋或编织袋就地取土装土筑堰,装土量一般为袋容积 1/2～1/3,缝合后上下内外相互错缝堆码整齐。

### 2. 土石围堰

土石围堰构造与土草围堰基本相同,一般在迎水面填筑黏土防渗,背水面抛填块石,较土草围堰更加稳定。

图 2-15 土石围堰 1　　　　　　　　图 2-16 土石围堰 2

### 3. 桩体围堰

堰宽可达 2～3 米,堰高可达 6 米。按桩材质不同分为圆木桩围堰、钢桩围堰、钢板桩围堰。

(1)圆木桩围堰。

一般为双排桩。施打圆木桩两排,内以一层竹篱片挡土,就地取土,填土筑堰,适用水深3～5 米。

(2)钢桩围堰。

一般为双排桩,见图 2-17。施打槽钢桩两排,内以一层竹篱片挡土,就地取土,填土筑堰,适用水深可达 6 米。

（3）钢板桩围堰。

一般为双排桩，见图2-18。施打钢板桩两排，就地取土，填土筑堰，适用水流较深，流速较大，挡土质多为砂类土、刚硬性黏土、碎卵石类土以及风化岩等。

图2-17　双排钢桩围堰　　　　图2-18　双排钢板围堰

（4）竹笼围堰。

用竹笼装填块石，一般为双层竹笼围堰，即两排竹笼，竹笼之间填以黏土或砂土，见图2-19。适用于底层为岩石，流速较大，水深达1.5米～7米，当地盛产竹子的围堰工程。

图2-19　双层竹笼围堰

（5）筑岛填心。

是指建造一座临时性的土岛。首先在需施工的主体或附属工程周围围堰，再在围堰中心填土或砂或砂砾石形成一座水中土岛。围堰中心进行填土称筑岛填心。

## 二、围堰工程清单编制

围堰工程量清单项目设置、项目特征描述的内容、计量单位及工程量计算规则，应按照表2-22（规范表L.3）规定执行。

围堰工程
清单编制

表2-22　围堰（编码：041103）

| 项目编码 | 项目名称 | 项目特征 | 计量单位 | 工程量计算规则 | 工作内容 |
|---|---|---|---|---|---|
| 041103001 | 围堰 | 1. 围堰类型<br>2. 围堰顶宽及底宽<br>3. 围堰高度<br>4. 填心材料 | 1. m³<br>2. m | 1. 以立方米计量，按设计图示围堰体积计算<br>2. 以米计量，按设计图示围堰中心线长度计算 | 1. 清理基底<br>2. 打、拔工具桩<br>3. 堆筑、填心、夯实<br>4. 拆除清理<br>5. 材料场内外运输 |
| 041103002 | 筑岛 | 1. 筑岛类型<br>2. 筑岛高度<br>3. 填心材料 | m³ | 按设计图示筑岛体积计算 | 1. 清理基底<br>2. 堆筑、填心、夯实<br>3. 拆除清理 |

围堰清单工程量计算规则：

（1）以立方米计量，按设计图示围堰体积计算。

（2）以米计量，按设计图示围堰中心线长度计算。

（3）筑岛填心按设计图示筑岛体积以立方米计。

### 三、围堰工程清单报价

#### 1. 围堰工程计价工程量计算

土草围堰、土石混合围堰，工程量以 m³ 计，即围堰施工断面面积×围堰中心线长度。

各类桩体围堰（圆木桩围堰、钢桩围堰、钢板桩围堰、双层竹笼围堰）工程量以 m 计，即围堰中心线长度。

围堰高度按施工期间的最高水位加 0.5 m 计算。

围堰施工断面尺寸按施工方案确定，堰内坡脚至堰内基坑边缘距离根据河床土质及基坑深度而定，但不得小于 1 m，见图 2-20。

**图 2-20 围堰断面示意图**

#### 2. 围堰工程定额应用

（1）本章围堰定额未包括施工期内发生潮汛冲刷后所需的养护工料。潮汛养护工料可根据各地规定计算。如遇特大潮汛发生人力所不能抗拒的损失，应根据实际情况另行处理。

（2）围堰工程 50 m 范围以内取土、砂、砂砾，均不计土方和砂、砂砾的材料价格。取50 m 范围以外的土方、砂、砂砾，应计算土方和砂、砂砾材料的挖、运或外购费用，但应扣除定额中土方现场挖运的人工：55.5 工日/100 m³ 黏土。定额括号中所列黏土数量为取自然土方数量，结算中可按取土的实际情况调整。

（3）本章围堰定额中的各种木桩、钢桩均按本册第 2 章水上打拔工具桩的相应定额执行，数量按实计算。定额括号中所列打拔工具桩数量仅供参考。

（4）草袋围堰如使用麻袋、尼龙袋装土围筑，应按麻袋、尼龙袋的规格、单价换算，但人工、机械和其他材料消耗量应按定额规定执行。

（5）围堰施工中若未使用驳船，而是搭设了栈桥，则应扣除定额中驳船费用而套用相应的脚手架子目。

（6）定额围堰尺寸的取定：土草围堰的堰顶宽为 1～2 m，堰高 4 m 以内；土石混合围堰的堰顶宽为 2 m，堰高 6 m 以内；圆木桩围堰的堰顶宽为 2～2.5 m，堰高 5 m 以内；钢桩围堰的堰顶宽为 2.5～3 m，堰高 6 m 以内；钢板桩围堰的堰顶宽为 2.5～3 m，堰高 6 m 以内；竹笼围堰竹笼间黏土填心的宽度为 2～2.5 m，堰高 5 m 以内；木笼围堰的堰顶宽度为2.4 m，堰高 4 m 以内。

（7）筑岛填心子目是指在围堰围成的区域内填土、砂及砂砾石。

（8）双层竹笼围堰竹笼间黏土填心的宽度超过 2.5 m,则超出部分可套筑岛填心子目。

（9）施工围堰的尺寸按有关设计施工规范确定。堰内坡脚至堰内基坑边缘距离根据河床土质及基坑深度而定,但不得小于 1 m。

## 第四节 支撑工程

### 一、支撑工程基础知识

支撑是防止挖沟槽或基坑时土方坍塌的一种临时性挡土措施,一般由挡板、撑板与加固撑杆组成。挡板撑板的材质通常有木、钢、竹,撑杆通常用钢、木。

根据挡土板疏密与排列方式可分为:横板竖撑(密或疏)、竖板横撑(密或疏)和井字简易等。

图 2-21　沟槽土方支撑

图 2-22　横板支撑(密撑)

图 2-23　竖板支撑(疏撑)

### 二、支撑工程清单编制

在《市政工程工程量计算规范》(GB 50857—2013)表 C.2 基坑与边坡支护(表 2-23)中,罗列了锚杆(索)、土钉、喷射混凝土等项目的清单项目设置、项目特征描述的内容、计量单位及工程量计算规则。本节教材所介绍的

支撑工程清单编制

支撑是指挡土板支撑,在市政工程计算规范中没有列出,清单编制时可参考建筑工程清单规范或用补充清单的方式编制。

表 2-23 基坑与边坡支护(编码:040302)

| 项目编码 | 项目名称 | 项目特征 | 计量单位 | 工程量计算规则 | 工作内容 |
|---|---|---|---|---|---|
| 040302003 | 地下连续墙 | 1. 地层情况<br>2. 导墙类型、截面<br>3. 墙体厚度<br>4. 成槽深度<br>5. 混凝土种类、强度等级<br>6. 接头形式 | m³ | 按设计图示墙中心线长乘以厚度乘以槽深,以体积计算 | 1. 导墙挖填、制作、安装、拆除<br>2. 挖土成槽、固壁、清底置换<br>3. 混凝土制作、运输、灌注、养护<br>4. 接头处理<br>5. 土方、废浆外运<br>6. 打桩场地硬化及泥浆池、泥浆沟 |
| 040302006 | 锚杆(索) | 1. 地层情况<br>2. 锚杆(索)类型、部位<br>3. 钻孔直径、深度<br>4. 杆体材料品种、规格、数量<br>5. 是否预应力<br>6. 浆液种类、强度等级 | 1. m<br>2. 根 | 1. 以米计量,按设计图示尺寸以钻孔深度计算<br>2. 以根计量,按设计图示数量计算 | 1. 钻孔、浆液制作、运输、压浆<br>2. 锚杆(索)制作、安装<br>3. 张拉锚固<br>4. 锚杆(索)施工平台搭设、拆除 |
| 040302007 | 土钉 | 1. 地层情况<br>2. 钻孔直径、深度<br>3. 置入方法<br>4. 杆体材料品种、规格、数量<br>5. 浆液种类、强度等级 | | | 1. 钻孔、浆液制作、运输、压浆<br>2. 土钉制作、安装<br>3. 土钉施工平台搭设、拆除 |
| 040302008 | 喷射混凝土 | 1. 部位<br>2. 厚度<br>3. 材料种类<br>4. 混凝土类别、强度等级 | m³ | 按设计图示尺寸以面积计算 | 1. 修整边坡<br>2. 混凝土制作、运输、喷射、养护<br>3. 钻排水孔、安装排水管<br>4. 喷射施工平台搭设、拆除 |

## 三、支撑工程清单报价

### 1. 支撑工程计价工程量计算

支撑工程量均按挡土板实际支撑面积计算。

### 2. 支撑工程定额应用

(1)本章定额适用于沟槽、基坑、工作坑及检查井的支撑。

（2）挡土板间距不同时不作调整。

（3）除槽钢挡土板外，本章定额均按横板、竖撑计算，如采用竖板、横撑时，其人工工日乘以系数 1.20。

（4）定额中挡土板支撑按槽坑两侧同时支撑挡土板考虑，支撑面积为两侧挡土板面积之和，支撑宽度为 4.1 m 以内。如槽坑宽度超过 4.1 m，其两侧均按一侧支撑挡土板考虑。按槽坑一侧支撑挡土板面积计算时，工日数乘以系数 1.33，除挡土板外，其他材料乘以系数 2.0。

（5）放坡开挖不得再计算挡土板，如遇上层放坡、下层支撑则按实际支撑面积计算。

（6）钢桩挡土板中的槽钢桩按设计（以吨为单位）按第 2 章打、拔工具桩定额执行。

（7）如采用井字支撑时，按疏撑乘以系数 0.61。

# 第五节　拆除工程

## 一、拆除工程基础知识

拆除工程是指市政桥梁拆除、道路拆除以及管道拆除工程。

## 二、拆除工程清单编制

拆除工程量清单项目设置、项目特征描述的内容、计量单位及工程量计算规则，应按《市政工程工程量计算规范》（GB 50857—2013）中表 J.1 的规定执行。

# 第六节　脚手架及其他工程

## 一、脚手架及其他工程基础知识

### 1. 脚手架

脚手架是为了保证各施工过程顺利进行而搭设的工作平台。按搭设的位置分为外脚手架、里脚手架；按材料不同可分为木脚手架、竹脚手架、钢管脚手架；按构造形式分为立杆式脚手架、桥式脚手架、门式脚手架、悬吊式脚手架、挂式脚手架、挑式脚手架、爬式脚手架。

### 2. 小型构件及熟料场内运输

混凝土小型构件是指单体体积在 0.04 m³ 以内，重量在 100 kg 以内，现场预制的各类小型构件。由于现场拌制的水泥混凝土、沥青混凝土、水泥砂浆等熟料，现场加工的成型钢筋骨架以及现场预制的小型构件是在施工现场加工而成的半成品，其原材料单价中为包括这些半成品的运输费用，故需另计小型构件及熟料的场内运输费用。

### 3. 井点降水

井点降水是通过置于地层含水层内的滤管（井），用抽水设备将地下水抽出，使地下水位降落到沟槽或基坑底以下，并在沟槽或基坑基础稳定前不断地抽水，形成局部地下水位的降低，以达到人工降低地下水位目的。井点降水方法常用的有轻型井点、喷射井点、大口径井点等。井点系统包括管路系统与抽水系统两大部分。

图 2-24　轻型井点降水

（1）轻型井点法降水。

轻型井点法适用的含水层为人工填土、黏性土、粉质黏土和砂土。适用的降水深度：单级井点 3～6 米，多级井点为 6～12 米（多级井点的采用应满足场地条件）。

轻型井点平面布置，根据工程降水平面的大小与深度，土质的类型，地下水位的高低与流向，可以设单排、双排、环形等布置方式。

轻型井点通常配备的机具设备有：成孔设备（如长螺旋钻机），洗井设备（空气压缩机），降水设备（主要有井点管、连接管、集水总管、抽水机组合排水管等）。

（2）喷射井点降水。

喷射井点适用的含水层为黏性土、粉质黏土、砂土。适用的降水深度为 6～20 m。若降水深度超过 6 米，采用轻型井点降水措施，则需要用多级井点。这样会增加土方开挖工程量，延长工期，并增加设备数量，施工成本也会随之增加。所以，一般在降水深度超过 6 米时，往往采用喷射井点降水方法。

1—井点管；2—滤管；3—总管；4—弯联管；5—水泵管；
6—原有地下水位线；7—降水后地下水位线

图 2-25　喷射井点法示意图

喷射井点平面布置：根据工程降水平面的大小，降水深度要求及地下水位高低与流向，可设为单排、双排、环形等布置形式。

喷射井点通常配备的机具设备有：成孔设备、降水设备（主要有井点管、喷射器、高压水泵、进水总管、排水总管、循环水箱等），见图 2-25。

（3）大口径井点降水。

大口径井点适用的含水层为砂土、碎石土层，在土的渗透系数大，地下水量大的土层中采用，一般采用降深大于 5 米，降水深度可达 14 米。

大口径井点平面布置：根据工程降水范围的大小、降水深度要求、地下水位高低、流量与流向，确定大口径井点布置为单排或双排或环形。

大口径井点配备的机具设备有：成井设备、洗井设备、抽水设备、排水设备等。

## 二、脚手架及其他工程清单编制

### 1. 脚手架清单编制

脚手架工程工程量清单项目设置、项目特征描述的内容、计量单位及工程量计算规则，应按照表 2-24（规范表 L.1）的规定执行。

脚手架工程清单编制

表 2-24  脚手架工程(编码:041101)

| 项目编码 | 项目名称 | 项目特征 | 计量单位 | 工程量计算规则 | 工作内容 |
|---|---|---|---|---|---|
| 041101001 | 墙面脚手架 | 墙高 | m² | 按墙面水平边线长度乘以墙面砌筑高度计算 | 1. 清理场地 2. 搭设、拆除脚手架、安全网 3. 材料场内外运输 |
| 041101002 | 柱面脚手架 | 1. 柱高 2. 柱结构外围周长 | | 按柱结构外围周长乘以柱砌筑高度计算 | |
| 041101003 | 仓面脚手架 | 1. 搭设方式 2. 搭设高度 | | 按仓面水平面积计算 | |
| 041101004 | 沉井脚手架 | 沉井高度 | | 按井壁中心线周长乘以井高计算 | |
| 041101005 | 井字架 | 井深 | 座 | 按设计图示数量计算 | 1. 清理场地 2. 搭、拆井字架 3. 材料场内外运输 |

注:各类井的井深按井底基础以上至井盖顶的高度计算。

（1）墙面脚手架按墙面水平边线长度乘以墙面砌筑高度计算。

（2）柱面脚手架按柱结构外围周长乘以柱砌筑高度计算。

（3）仓面脚手架按仓面水平面积计算。

（4）沉井脚手架按井壁中心线周长乘以井高计算。

以上脚手架按"m²"计。

（5）井字架按设计图示数量以"座"计算。

**2. 降水排水工程清单编制**

施工降水、排水工程量清单项目设置、项目特征描述的内容、计量单位及工程量计算规则,应按表 2-25(规范表 L.7)的规定执行。

表 2-25  施工排水、降水(编码:041107)

| 项目编码 | 项目名称 | 项目特征 | 计量单位 | 工程量计算规则 | 工作内容 |
|---|---|---|---|---|---|
| 041107001 | 成井 | 1. 成井方式 2. 地层情况 3. 成井直径 4. 井(滤)管类型、直径 | m | 按设计图示尺寸以钻孔深度计算 | 1. 准备钻孔机械、埋设护筒、钻机就位;泥浆制作、固壁;成孔、出渣、清孔等 2. 对接上、下井管(滤管),焊接,安放,下滤料,洗井,连接试抽等 |
| 041107002 | 排水、降水 | 1. 机械规格型号 2. 降排水管规格 | 昼夜 | 按排、降水日历天数计算 | 1. 管道安装、拆除,场内搬运等 2. 抽水、值班,降水设备维修等 |

注:相应专项设计不具备时,可按暂估量计算。

清单工程量计算规则：

(1) 成井按设计图示尺寸以钻孔深度"m"计算。

(2) 排水降水按排、降水日历天数以"昼夜"计算。

相应专业设计不具备时，可按暂估量计算。

### 三、脚手架及其他工程清单报价

(1) 本章脚手架定额中，竹、钢管脚手架已包括斜道及拐弯平台的搭设。砌筑物高度超过1.2 m，可计算脚手架搭拆费用。通常，对无筋或单层布筋的基础和垫层不计算仓面脚手费。

(2) 混凝土小型构件是指单件体积在 0.04 m³ 以内、重量在 100kg 以内的各类小型构件。小型构件、半成品运输系指预制、加工场地取料中心至施工现场堆放使用中心距离超出150 m 的运输。

(3) 井点降水项目适用于地下水位较高的粉砂土、砂质粉土、黏质粉土或淤泥质夹薄层砂性土的地层。其他降水方法如集水井排水等，各市可自行补充。

(4) 井点降水：轻型井点、喷射井点、深井井点的采用由施工组织设计确定。一般情况下，降水深度 6 m 以内采用轻型井点，6 m 以上 30 m 以内采用相应的喷射井点，特殊情况下可选用深井井点。井点使用时间按施工组织设计确定。喷射井点定额包括两根观察孔制作，喷射井管包括了内管和外管。井点材料使用摊销量中已包括井点拆除时的材料损耗量。井点间距根据地质和降水要求由施工组织设计确定，一般轻型井点管间距为1.2 m，喷射井点管间距为 2.5 m，深井井点管间距根据地质情况选定。

(5) 井点降水成孔过程中产生的泥水处理及挖沟排水工作应另行计算。遇有可用天然水源，不计水费。

(6) 井点降水必须保证连续供电，在电源无保证的情况下，使用备用电源的费用另计。

# 第七节　护坡、挡土墙及防洪工程

护坡、挡土墙
基础知识

### 一、护坡、挡土墙基础知识

#### 1. 护坡

护坡是指为防止边坡冲刷或风化，在坡面上做适当的铺砌和种植的统称。一般情况下护坡不承受侧向土压力，仅为抗风化及抗冲刷的坡面提供坡面保护。

**图 2-26　现浇混凝土护坡**　　**图 2-27　浆砌块石护坡**　　**图 2-28　块石骨架护坡**

### 2. 挡土墙

挡土墙是指为了防止路基填土或山坡岩土失稳塌滑,或为了收缩坡脚,减少土石方和占地数量而修建的支挡结构物,承受墙背侧向土压力。在挡土墙横断面中,与被支承土体直接接触的部位称为墙背;与墙背相对的临空部位称为墙面。

图 2-29 钢筋混凝土扶壁式挡土墙

图 2-30 浆砌块石挡土墙

图 2-31 浆砌片石挡土墙

(1) 挡土墙的分类

根据挡土墙的结构特点不同,分为重力式、薄壁式、锚固式、加筋土式等。

图 2-32 不同结构形式的挡土墙

重力式挡土墙靠自身重力平衡土体,一般形式简单、施工方便、圬工量大,对基础要求也比较高,还包括衡重式和半重力式。重力式挡墙大多采用片(块)石浆砌或干砌而成。干砌挡墙的整体性较差,仅适用于地震烈度较低、不受水流冲击、地质条件良好的地段。一般干砌挡墙的墙高不大于 6 米。

薄壁式挡土墙是用钢筋混凝土就地浇筑或与之拼装而成,所承受的侧向土压力主要依靠底板上的土重来平衡。如悬臂式、扶壁式、板柱式等。

锚定式挡土墙属于轻型挡土墙,是由钢筋混凝土墙板与锚固件连接而成,依靠埋设在稳定岩石土层内锚固件的抗拔力支撑从墙板传来的侧压力,如锚杆式、锚定板式等。

加筋土挡墙是一种由竖直面板、水平拉筋和内部填土三部分组成的加筋体,它通过拉筋与填土之间的摩擦阻力拉住面板,稳定土体形成一种复合结构,再依靠自重抵抗墙厚侧向土压力。

## 二、护坡、挡土墙清单编制

混凝土垫层、基础、挡土墙工程量清单项目设置、项目特征描述的内容、计量单位及工程量计算规则,应按表2-26(规范表C.3)的规定执行。

表2-26　现浇混凝土构件(编码:040303)

| 项目编码 | 项目名称 | 项目特征 | 计量单位 | 工程量计算规则 | 工程内容 |
|---|---|---|---|---|---|
| 040303001 | 混凝土垫层 | 混凝土强度等级 | | | 1. 模板制作、安装、拆除<br>2. 混凝土拌和、运输、浇筑<br>3. 养护 |
| 040303002 | 混凝土基础 | 1. 混凝土强度等级<br>2. 嵌料(毛石)比例 | | | |
| ...... | ...... | ...... | | 按设计图示尺寸以体积计算 | ...... |
| 040303015 | 混凝土挡墙墙身 | 1. 混凝土强度等级<br>2. 泄水孔材料品种、规格<br>3. 滤水层要求<br>4. 沉降缝要求 | m³ | | 1. 模板制作、安装、拆除<br>2. 混凝土拌和、运输、浇筑<br>3. 养护<br>4. 抹灰<br>5. 泄水孔制作、安装<br>6. 滤水层铺筑<br>7. 沉降缝 |
| 040303015 | 混凝土挡墙压顶 | 1. 混凝土强度等级<br>2. 沉降缝要求 | | | |
| ...... | ...... | ...... | ...... | ...... | ...... |

预制混凝土挡土墙墙身工程量清单项目设置、项目特征描述的内容、计量单位及工程量计算规则,应按表2-27(规范表C.4)的规定执行。

表2-27　预制混凝土构件(编码:040304)

| 项目编码 | 项目名称 | 项目特征 | 计量单位 | 工程量计算规则 | 工程内容 |
|---|---|---|---|---|---|
| ...... | ...... | ...... | ...... | ...... | ...... |
| 040304004 | 预制混凝土挡土墙墙身 | 1. 图集、图纸名称<br>2. 构件代号、名称<br>3. 结构形式<br>4. 混凝土强度等级<br>5. 泄水孔材料种类、规格<br>6. 滤水层要求<br>7. 砂浆强度等级 | m³ | 按设计图示尺寸以体积计算 | 1. 模板制作、安装、拆除<br>2. 混凝土拌和、运输、浇筑<br>3. 养护<br>4. 构件安装<br>5. 接头灌缝<br>6. 泄水孔制作、安装<br>7. 滤水层铺设<br>8. 砂浆制作<br>9. 运输 |
| ...... | ...... | ...... | ...... | ...... | ...... |

非混凝土类垫层、护坡、砌筑挡土墙工程量清单项目设置、项目特征描述的内容、计量单位及工程量计算规则,应按表2-28(规范表C.5)的规定执行。

表 2 - 28　砌筑(编码:040305)

| 项目编码 | 项目名称 | 项目特征 | 计量单位 | 工程量计算规则 | 工程内容 |
|---|---|---|---|---|---|
| 040305001 | 垫层 | 1. 材料品种、规格<br>2. 厚度 | m³ | 按设计图示尺寸以体积计算 | 垫层铺筑 |
| 040305002 | 干砌块料 | 1. 部位<br>2. 材料品种、规格<br>3. 泄水孔材料品种、规格<br>4. 滤水层要求<br>5. 沉降缝要求 | | | 1. 砌筑<br>2. 砌体勾缝<br>3. 砌体抹面<br>4. 泄水孔制作、安装<br>5. 滤层铺设<br>6. 沉降缝 |
| 040305003 | 浆砌块料 | 1. 部位<br>2. 材料品种、规格<br>3. 砂浆强度等级<br>4. 泄水孔材料品种、规格<br>5. 滤水层要求<br>6. 沉降缝要求 | | | |
| 040305004 | 砖砌体 | | | | |
| 040305005 | 护坡 | 1. 材料品种<br>2. 结构形式<br>3. 厚度<br>4. 砂浆强度等级 | m² | 按设计图示尺寸以面积计算 | 1. 修整边坡<br>2. 砌筑<br>3. 砌体勾缝<br>4. 砌体抹面 |

注:1. 干砌块料、浆砌块料和砖砌体应根据工程部位不同,分别设置清单编码。
　　2. 本节清单项目中"垫层"指碎石、块石等非混凝土类垫层。

### 三、护坡、挡土墙清单报价

(1) 本章适用于市政工程的护坡、挡土墙及防洪工程。

(2) 挡土墙、防洪墙工程需搭脚手架的,执行脚手架定额。

(3) 块石如需冲洗时(利用旧料),每立方米块石增加用工 0.24 工日,用水 0.5 m³。

(4) 闸门场外运输,按土建定额相应定额子目执行。

(5) 本章中的防洪墙适用于防洪墙高度在 6 m 以内的垫层、基础、墙体、压顶等工程项目。

# 第八节　临时工程及地基加固

### 一、地基加固基础知识

在软土地层修筑地下构筑物时,为采用地基加固、围护等方法工艺控制地表沉降,提高土体承载力,降低土体渗透系数,以保证结构强度及施工安全。监测是地下构筑物建造时,反映施工对周围建筑群影响程度的测试手段。

地基加固常采用原理,就是在软弱地基中部分土体掺入水泥、水泥砂浆以及石灰等物,形成加固体,与未加固体部分形成复合地基,以提高地基承载力和减小沉降。

### 1. 高压喷射注浆法

高压喷射注浆法其原理是将带有特殊喷嘴的注浆管,通过钻孔注入要处理土层的预定深度,然后将水泥浆液以高压冲切土体,在喷射浆液的同时,以一定速度旋转、提升,形成水泥土圆柱体;若喷嘴提升而不旋转,则形成墙状固结体。高压喷射注浆法可以提高地基承载力、减少沉降、防止砂土液化、管涌和基坑隆起。

高压喷射注浆法可分为双重管旋喷和三重管旋喷两种。双重管旋喷是在注浆管端部侧面有一个同轴双重喷嘴,从内喷嘴喷出 20 MPa 左右的水泥浆液,从外喷嘴喷出 0.7 MPa 的压缩空气,在喷射的同时旋转和提升浆管,在土体中形成旋喷桩。三重管旋喷使用的是一种三重注浆管,这种注浆管由三根同轴的不同直径的钢管组成,内管输送压力为 20 MPa 左右的水流,中管输送压力为 0.7 MPa 左右的气流,外管输送压力为 25 MPa 的水泥浆液,高压水、气同轴喷射切割土体,使土体和水泥浆液充分拌和,边喷射、边旋转和提升注浆管形成较大直径的旋喷桩。

适用范围:地基加固和防渗,或作为稳定基坑和沟槽边坡的支挡结构。

### 2. 搅拌桩

搅拌桩其原理是利用水泥、石灰或其他材料作为固化剂的主剂,通过特别的深层搅拌机械,在地基深处就地将软土和固化剂强制搅拌,形成坚硬的拌合柱体,与原地层共同形成复合地基。

适用范围:适用于淤泥、淤泥质土、粉土和含水量较高且地基承载力标准值不大于 120 kPa 的黏性土地基。水泥搅拌桩互相搭接形成搅拌桩墙,既可以用于增加地基承载力和作为基坑开挖的侧向支护,也可以作为抗渗漏止水帷幕。

图 2-33　水泥土搅拌桩

## 二、地基加固、围护及监测清单编制

地基加固处理,在清单编制时可以参考《计量规范》中表 B.1 路基处理中相应清单项目设置、清单项目特征描述的内容、计量单位及工程量计算规则执行。

地层情况按《计量规范》中表 A.1-1 和表 A.2-1 土壤和岩石分类表规定,并根据岩土工程勘察报告按单位工程各地质层所占比例进行描述。对无法准确描述的地层情况,可注明由投标人根据岩石工程勘察报告自行决定报价。

项目特征中的桩长应包括桩尖,空桩长度=孔深-桩长,孔深为自然地面至设计桩底的深度。

### 三、临时工程及地基加固清单报价

表路基处理

**1. 地基加固计价工程量计算**

（1）分层注浆。

① 钻孔按设计图规定的深度以"m"计算。布孔按设计图或批准的施工组织设计。

② 分层注浆工程量按设计图注明的体积计算，压密注浆工程量计算按以下规定：

a. 设计图明确加固土体体积的，应按设计图注明的体积计算；

b. 设计图纸上以布点形式图示土体加固范围的，则按两孔间距的一半作为扩散半径以布点边线各加扩散半径，形成计算平面计算注浆体积；

c. 设计图上注浆点在钻孔灌注桩之间，按两注浆孔距的一半作为每孔的扩散半径，以此圆柱体体积计算注浆体积。

（2）高压旋喷桩钻孔按原地面至设计桩底底面的距离以"延长米"计算，喷浆按设计加固桩截面面积乘以设计桩长以"立方米"计算。

（3）深层水泥搅拌桩工程量按设计截面面积乘以桩长以"立方米"计算，对于桩长在设计没有作明确说明的情况下，按以下规定计算：

① 围护桩按设计桩长计算。

② 承重桩按设计桩长增加 0.5 m 计算。

③ 空搅部分按原地面至设计桩顶面的高度减去另加长度计算。

**2. 临时工程及地基加固定额应用**

（1）本章各子目根据全省情况综合考虑，使用时不得调整。

（2）泥结碎石子目主要用于场外施工便道。

（3）搭拆便桥定额分非机动车道和机动车道，适用于跨河道的临时便桥，套用装配式钢桥定额，应根据批准的施工组织设计执行。

## 本章习题

1. 工程量清单项目编码的第三级表示什么？

2. 根据 2013 市政工程工程量计算规范，挖一般土方执行项目编码是什么？

3. 根据 2013 市政工程工程量计算规范，管道结构宽为 2 600 mm，则其金属管道每侧所需工作面宽度为_____。

4. 根据 2013 市政工程工程量计算规范，管道结构宽为 2 600 mm，则其混凝土管道基础 90 度，每侧所需工作面宽度为_____。

5. 挖沟槽、基坑、一般土方和暗挖土方清单项目的工作内容中仅包括了土方场内平衡所需的运输费用，如需土方外运，则按_____项目编码列项。

6. 挖方出现流砂、淤泥时，如设计未明确，在编制工程量清单时，其工程数量可为_____。

7. 隧道石方开挖按附录_____相关项目编码列项。

# 第三章　道路工程计价

　　道路,就广义而言,可分为公路、城市道路、专用道路等,他们之间在结构构造方面并无本质区别,只是在道路功能、所处地域、管辖权限等方面有所不同。本书所讲的道路工程,除特别说明外均指城市道路工程。城市道路横断面用地宽度一般称之为红线宽度,其组成部分包括机动车道、非机动车道、人行道、分车带(分隔带及两侧路缘带统称分车带)以及平侧石、树池、挡土墙等附属构筑物。

## 第一节　道路工程基础知识

### 一、城市道路的分类

　　我国城市道路根据道路在其城市道路系统中所处的地位、交通功能、沿线建筑及车辆和行人进出的服务频率,按构成骨架及交通功能将其分为快速路、主干路、次干路、支路四大类。

　　　快速路:快速路是城市中有较高车速的长距离道路,主要承担道路的交通功能,是连接市区各主要地区、主要近郊区、主要对外公路的快速通道。道路设有中央分隔带,具有四条以上车道,全部或部分采用立体交叉,且控制出入,供车辆高速行驶。在快速路上的机动车道两侧不宜设置非机动车道,不宜设置吸入大量车流和人流的公共建筑出入口,对两侧建筑物的出入口应加以控制。

　　　主干路:主干路在城市道路网中起骨架作用,是连接城市各主要分区的交通干道,是城市内部的主要大动脉。主干路一般设有 4 条或 6 条机动车道,并设有分隔带,在交叉口之间的分隔带尽量连续,以防车辆任意穿越,影响主干道上车流的行驶。主干道两侧不宜设置吸入大量车流和人流的公共建筑出入口。

　　　次干路:次干路是城市中数量较多的一般道路,配合主干路组成城市路网,除交通功能外,次干路兼有服务功能,两侧允许布置吸入车流和人流的公共建筑,并应设置停车场,满足公共交通站点和出租车服务站的要求。

　　　支路:支路是次干路与相邻街坊的连接线,解决局部地区交通,以服务功能为主。部分支路可以补充干道网不足,设置公共交通路线,或设置非机动车专用道。支路上不宜通行过境车辆,只允许通行为地区性服务的车辆。

表 3-1 城市道路分类、主要技术经济指标与定额取费类别划分阶

| 道路类别 | 主要技术经济指标 | | | | | | 定额取费类别 |
|---|---|---|---|---|---|---|---|
| | 级别 | 设计车速 | 双向机动车道数（条） | 每条机动车道宽度（m） | 分隔带设置 | 横断面形式 | |
| 快速路 | | 60～80 | ≥4 | 3.75 | 必须设 | 双、四幅 | 道路一类工程 |
| 主干路 | Ⅰ | 50～60 | ≥4 | 3.75 | 应设 | 单、双、三、四 | 道路一类工程 |
| | Ⅱ | 40～50 | 3～4 | 3.75 | 应设 | 单、双、三 | |
| | Ⅲ | 30～40 | 2～4 | 3.5～3.75 | 可设 | 单、双、三 | |
| 次干路 | Ⅰ | 40～50 | 2～4 | 3.75 | 可设 | 单、双、三 | 道路二类工程 |
| | Ⅱ | 30～40 | 2～4 | 3.5～3.75 | 不设 | 单 | |
| | Ⅲ | 20～30 | 2 | 3.5 | 不设 | 单 | |
| 支路 | Ⅰ | 30～40 | 2 | 3.5～3.75 | 不设 | 单 | 道路二类工程 |
| | Ⅱ | 20～30 | 2 | 3.0～3.5 | 不设 | 单 | |
| | Ⅲ | 20 | 2 | 3.0～3.5 | 不设 | 单 | |

注：1. 表内主要经济技术指标载录于现行《城市道路设计规范》(CJJ 37—90)相关条款。
2. 除快速路外，每类道路按照所占城市的规模、设计交通量、地形等分为Ⅰ、Ⅱ、Ⅲ级。大城市应采用各类道路中的Ⅰ级标准；中等城市应采用Ⅱ级标准；小城市应采用Ⅲ级标准。

## 二、道路工程基本组成

道路是一种带状构筑物，主要承受汽车荷载的反复作用和经受各种自然因素的长期影响。道路工程的主要组成部分包括路基、路面和附属工程。

### 1. 路基

路基既为车辆在道路上行驶提供基本条件，也是道路的支撑结构物，对路面的使用性能有着重要的影响。

路基的基本形式：路基按填挖形式可分为路堤、路堑和半填半挖路基，高于天然地面的填方路基称为路堤，低于天然地面的挖方路基称为路堑，介于二者之间的称为半填半挖路基。

### 2. 路面

路面是由各种不同的材料，按一定的厚度和宽度分层铺筑在路基顶面的结构物，以供车辆及行人直接在其表面行驶。

（1）路面的分类

路面按材料和施工方法分为三大类：

沥青类：在矿物质材料中，以各种方式掺入沥青材料拌制修筑而成的路面，一般用作面层，也可作为基层。

水泥混凝土类：以水泥与水合成水泥浆作为结合料，碎（砾）石为骨料，砂为填充料，经拌和、摊铺、振捣和养护而成的路面，通常用作行车道面层。

路基的基本形式

块料类:用石材类(如花岗岩、石板材等)或预制水泥混凝土(板、砖)铺砌,并用砂浆嵌缝后形成的路面,通常用作人行道、广场、公园路面面层。

(2)路面等级的划分

通常可按面层使用品质、材料组成和结构强度的不同,把路面划分为以下四个等级,见表3-2。城市道路路面等级必须采用高级路面或次高级路面。

表3-2　面层类型、路面等级与道路等级

| 路面等级 | 面层主要类型 | 适用的道路等级 |
|---|---|---|
| 高级路面 | 水泥混凝土 | 高速、一级、二级公路;城市快速路、主干道、次干道 |
| | 沥青混凝土、整齐石块和条石 | |
| 次高级路面 | 沥青贯入碎(砾)石、路拌沥青碎石 | 二级、三级公路;城市次干道、支路、街坊道路 |
| | 沥青表面处治 | |
| 中级路面 | 泥结或级配碎(砾)石、水泥碎石、其他材料、不整齐石块 | 三、四级公路 |
| 低级路面 | 各种粒料或当地材料改善土(如炉渣土砾石土和砂砾土等) | 四级公路 |

(3)路面结构层的组成

路面结构层由垫层、基层和面层组成。

图3-1　路面结构层组成

垫层是设置在土基与基层之间的结构层。其主要功能是改善土基的温度和湿度状况,以保证面层和基层的强度和稳定性,并不受冻胀翻浆的影响。此外,垫层还能扩散由面层和基层传来的车轮荷载垂直作用力,减小土基的应力和应变,而且它能阻止土基嵌入基层中,影响基层结构的性能。

修筑垫层的材料,强度不一定很高,但水稳定性和隔热性要好。常用的有碎石垫层、砾石砂垫层。

基层主要承受由面层传来的车辆荷载垂直力,并把它扩散到垫层和土基中。

基层可分两层铺筑,其上层称为上基层,下层则称为底基层。基层应有足够的强度和刚度,有平整的表面以保证面层厚度均匀,基层受大气的影响比较小,但因表层可能透水及地下水的侵入,要求基层有足够的水稳性。常用的有碎(砾)石基层、级配碎石基层、石灰土基层、石灰稳定碎石基层、水泥稳定碎石基层、工业废渣稳定类基层、二灰(石灰、粉煤灰)土基层、二灰稳定碎石基层、粉煤灰三渣等基层。目前常用的为水泥稳定碎石基层或粉煤灰三渣基层。

面层是修筑在基层上的表面层次,保证汽车以一定的速度安全、舒适而经济地运行。面层是直接同行车和大气接触的表面层次,它承受行车荷载的垂直力、水平力和冲击力作用以及雨水和气温变化的不利影响。

面层应具备较高的结构强度、刚度和稳定性。而且应当耐磨、不透水,其表面还应有良好的抗滑性和平整度。常用的有水泥混凝土(刚性路面)面层、沥青混凝土(柔性路面)面层。

图 3-2　水泥混凝土路面

图 3-3　沥青混凝土路面

# 第二节 道路工程清单计价

道路工程清单编制及清单报价依据有：《建设工程工程量清单计价规范》（GB 50500—2013）、《市政工程工程量计算规范》（GB 50857—2013）。

## 一、清单编制

### 1. 路基处理

路基处理工程量清单项目设置、项目特征描述的内容、计量单位及工程量计算规则，应按表3-3（规范表B.1）规定执行：

路基处理
清单编制

表3-3　路基处理（编码：040201）

| 项目编码 | 项目名称 | 项目特征 | 计量单位 | 工程量计算规则 | 工作内容 |
|---|---|---|---|---|---|
| 040201001 | 预压地基 | 1. 排水竖井种类、断面尺寸、排列方式、间距、深度<br>2. 预压方法<br>3. 预压荷载、时间<br>4. 砂垫层厚度 | m² | 按设计图示尺寸以加固面积计算 | 1. 设置排水竖井、盲沟、滤水管<br>2. 铺设砂垫层、密封膜<br>3. 堆载、卸载或抽气设备安拆、抽真空<br>4. 材料运输 |
| 040201002 | 强夯地基 | 1. 夯击能量<br>2. 夯击遍数<br>3. 地耐力要求<br>4. 夯填材料种类 | | | 1. 铺设夯填材料<br>2. 强夯<br>3. 夯填材料运输 |
| 040201003 | 振冲密实（不填料） | 1. 地层情况<br>2. 振密深度<br>3. 孔距<br>4. 振冲器功率 | | | 1. 振冲加密<br>2. 泥浆运输 |
| 040201004 | 掺石灰 | 含灰量 | m³ | 按设计图示尺寸以体积计算 | 1. 掺石灰<br>2. 夯实 |
| 040201005 | 掺干土 | 1. 密实度<br>2. 掺土率 | | | 1. 掺干土<br>2. 夯实 |
| 040201006 | 掺石 | 1. 材料品种、规格<br>2. 掺石率 | | | 1. 掺石<br>2. 夯实 |
| 040201007 | 抛石挤淤 | 材料品种、规格 | | | 1. 抛石挤淤<br>2. 填塞垫平、压实 |

| 项目编码 | 项目名称 | 项目特征 | 计量单位 | 工程量计算规则 | 工作内容 |
|---|---|---|---|---|---|
| 040201008 | 袋装砂井 | 1. 直径<br>2. 填充料品种<br>3. 深度 | m | 按设计图示尺寸以长度计算 | 1. 制作砂袋<br>2. 定位沉管<br>3. 下砂袋<br>4. 拔管 |
| 040201009 | 塑料排水板 | 材料品种、规格 | | | 1. 安装排水板<br>2. 沉管插板<br>3. 拔管 |
| 040201010 | 振冲桩（填料） | 1. 地层情况<br>2. 空桩长度、桩长<br>3. 桩径<br>4. 填充材料种类 | 1. m<br>2. m³ | 1. 以米计量，按设计图示尺寸以桩长计算<br>2. 以立方米计量，按设计桩截面乘以桩长以体积计算 | 1. 振冲成孔、填料、振实<br>2. 材料运输<br>3. 泥浆运输 |
| 040201011 | 砂石桩 | 1. 地层情况<br>2. 空桩长度、桩长<br>3. 桩径<br>4. 成孔方法<br>5. 材料种类、级配 | | 1. 以米计量，按设计图示尺寸以桩长（包括桩尖）计算<br>2. 以立方米计量，按设计桩截面乘以桩长（包括桩尖）以体积计算 | 1. 成孔<br>2. 填充、振实<br>3. 材料运输 |
| 040201012 | 水泥粉煤灰碎石桩 | 1. 地层情况<br>2. 空桩长度、桩长<br>3. 桩径<br>4. 成孔方法<br>5. 混合料强度等级 | | 按设计图示尺寸以桩长（包括桩尖）计算 | 1. 成孔<br>2. 混合料制作、灌注、养护<br>3. 材料运输 |
| 040201013 | 深层水泥搅拌桩 | 1. 地层情况<br>2. 空桩长度、桩长<br>3. 桩截面尺寸<br>4. 水泥砂浆等级、掺量 | | | 1. 预搅下钻、水泥浆制作、喷浆搅拌提升成桩<br>2. 材料运输 |
| 040201014 | 粉喷桩 | 1. 地层情况<br>2. 空桩长度、桩长<br>3. 桩径<br>4. 粉体种类、掺量<br>5. 水泥强度等级、石灰粉要求 | m | 按设计图示尺寸以桩长计算 | 1. 预搅下钻、喷粉搅拌提升成桩<br>2. 材料运输 |
| 040201015 | 高压水泥旋喷桩 | 1. 地层情况<br>2. 空桩长度、桩长<br>3. 桩截面<br>4. 旋喷类型、方法<br>5. 水泥强度等级、掺量 | | | 1. 成孔<br>2. 水泥浆制作、高压旋喷注浆<br>3. 材料运输 |
| 040201016 | 石灰桩 | 1. 地层情况<br>2. 空桩长度、桩长<br>3. 桩径<br>4. 成孔方法<br>5. 掺合料种类、配合比 | | 按设计图示尺寸以桩长（包括桩尖）计算 | 1. 成孔<br>2. 混合料制作、运输、夯填 |

| 项目编码 | 项目名称 | 项目特征 | 计量单位 | 工程量计算规则 | 工作内容 |
|---|---|---|---|---|---|
| 040201017 | 灰土(土)挤密桩 | 1. 地层情况<br>2. 空桩长度、桩长<br>3. 桩径<br>4. 成孔方法<br>5. 灰土级配 | m | 按设计图示尺寸以桩长(包括桩尖)计算 | 1. 成孔<br>2. 灰土拌和、运输、填充、夯实 |
| 040201018 | 桩锤冲扩桩 | 1. 地层情况<br>2. 空桩长度、桩长<br>3. 桩径<br>4. 成孔方法<br>5. 桩体材料种类、配合比 | | 按设计图示尺寸以桩长计算 | 1. 安拔套管<br>2. 冲孔、填料、夯实<br>3. 桩体材料制作、运输 |
| 040201019 | 地基注浆 | 1. 地层情况<br>2. 成孔深度、间距<br>3. 浆液种类及配合比<br>4. 注浆方法<br>5. 水泥强度等级、用量 | 1. m<br>2. m³ | 1. 以米计量,按设计图示尺寸以深度计算<br>2. 以立方米计量,按设计图示尺寸以加固体积计算 | 1. 成孔<br>2. 注浆导管制作、安装<br>3. 浆液制作、压浆<br>4. 材料运输 |
| 040201020 | 褥垫层 | 1. 厚度<br>2. 材料品种、规格及比例 | 1. m²<br>2. m³ | 1. 以平方米计量,按设计图示尺寸以铺设面积计算<br>2. 以立方米计量,按设计图示尺寸以铺设体积计算 | 1. 材料拌和、运输<br>2. 铺设<br>3. 压实 |
| 040201021 | 土工合成材料 | 1. 材料品种、规格<br>2. 搭接方式 | m² | 按设计图示尺寸以面积计算 | 1. 基层整平<br>2. 铺设<br>3. 固定 |
| 040201022 | 排水沟、截水沟 | 1. 断面尺寸<br>2. 基础、垫层:材料品种、厚度<br>3. 砌体材料<br>4. 砂浆强度等级<br>5. 伸缩缝填塞<br>6. 盖板材质、规格 | m | 按设计图示以长度计算 | 1. 模板制作、安装、拆除<br>2. 基础、垫层铺筑<br>3. 混凝土拌和、运输、浇筑<br>4. 侧墙浇捣或砌筑<br>5. 勾缝、抹面<br>6. 盖板安装 |
| 040201023 | 盲沟 | 1. 材料品种、规格<br>2. 截面尺寸 | | | 铺筑 |

## 2. 道路基层

道路基层工程量清单项目设置、项目特征描述的内容、计量单位及工程量计算规则,应按表 3 - 4(规范表 B.2)规定执行:

道路基层清单编制

表 3 - 4　道路基层(编码:040202)

| 项目编码 | 项目名称 | 项目特征 | 计量单位 | 工程量计算规则 | 工作内容 |
|---|---|---|---|---|---|
| 040202001 | 路床(槽)整形 | 1. 部位<br>2. 范围 | | 按设计道路底基层图示尺寸以面积计算,不扣除各类井所占面积 | 1. 放样<br>2. 整修路拱<br>3. 碾压成型 |
| 040202002 | 石灰稳定土 | 1. 含灰量<br>2. 厚度 | | | |
| 040202003 | 水泥稳定土 | 1. 水泥含量<br>2. 厚度 | | | |
| 040202004 | 石灰、粉煤灰、土 | 1. 配合比<br>2. 厚度 | | | |
| 040202005 | 石灰、碎石、土 | 1. 配合比<br>2. 碎石规格<br>3. 厚度 | | | |
| 040202006 | 石灰、粉煤灰、碎(砾)石 | 1. 配合比<br>2. 碎(砾)石规格<br>3. 厚度 | m² | 按设计图示尺寸以面积计算,不扣除各类井所占面积 | 1. 拌和<br>2. 运输<br>3. 铺筑<br>4. 找平<br>5. 碾压<br>6. 养护 |
| 040202007 | 粉煤灰 | 厚度 | | | |
| 040202008 | 矿渣 | | | | |
| 040202009 | 砂砾石 | 1. 石料规格<br>2. 厚度 | | | |
| 040202010 | 卵石 | | | | |
| 040202011 | 碎石 | | | | |
| 040202012 | 块石 | | | | |
| 040202013 | 山皮石 | | | | |
| 040202014 | 粉煤灰三渣 | 1. 配合比<br>2. 厚度 | | | |
| 040202015 | 水泥稳定碎(砾)石 | 1. 水泥含量<br>2. 石料规格<br>3. 厚度 | | | |
| 040202016 | 沥青稳定碎石 | 1. 沥青品种<br>2. 石料规格<br>3. 厚度 | | | |

## 3. 道路面层

道路面层工程量清单项目设置、项目特征描述的内容、计量单位及工程量计算规则，应按表3-5((规范表B.3)规定执行:

道路面层清单编制

表3-5 道路面层(编码:040203)

| 项目编码 | 项目名称 | 项目特征 | 计量单位 | 工程量计算规则 | 工作内容 |
|---|---|---|---|---|---|
| 040203001 | 沥青表面处治 | 1. 沥青品种<br>2. 层数 | | | 1. 喷油、布料<br>2. 碾压 |
| 040203002 | 沥青贯入式 | 1. 沥青品种<br>2. 石料规格<br>3. 厚度 | | | 1. 摊铺碎石<br>2. 喷油、布料<br>3. 碾压 |
| 040203003 | 透层、粘层 | 1. 材料品种<br>2. 喷油量 | | | 1. 清理下承面<br>2. 喷油、布料 |
| 040203004 | 封层 | 1. 材料品种<br>2. 喷油量<br>3. 厚度 | | | 1. 清理下承面<br>2. 喷油、布料<br>3. 压实 |
| 040203005 | 黑色碎石 | 1. 材料品种<br>2. 石料规格<br>3. 厚度 | | | 1. 清理下承面<br>2. 拌和、运输<br>3. 摊铺、整型<br>4. 压实 |
| 040203006 | 沥青混凝土 | 1. 沥青品种<br>2. 沥青混凝土种类<br>3. 石料粒径<br>4. 掺和料<br>5. 厚度 | m² | 按设计图示尺寸以面积计算,不扣除各种井所占面积,带平石的面层应扣除平石所占面积 | |
| 040203007 | 水泥混凝土 | 1. 混凝土强度等级<br>2. 掺和料<br>3. 厚度<br>4. 嵌缝材料 | | | 1. 模板制作、安装、拆除<br>2. 混凝土拌和、运输、浇筑<br>3. 拉毛<br>4. 压痕或刻防滑槽<br>5. 伸缝<br>6. 缩缝<br>7. 锯缝、嵌缝<br>8. 路面养护 |
| 040203008 | 块料面层 | 1. 块料品种、规格<br>2. 垫层:材料品种、厚度、强度等级<br>3. 垫层厚度<br>4. 强度 | | | 1. 铺筑垫层<br>2. 铺砌块料<br>3. 嵌缝、勾缝 |
| 040203009 | 弹性面层 | 1. 材料品种<br>2. 厚度 | | | 1. 配料<br>2. 铺贴 |

#### 4. 人行道及其他

人行道及其他工程量清单项目设置、项目特征描述的内容、计量单位及工程量计算规则,应按表3-6(规范表B.4)规定执行:

人行道清单编制

表3-6 人行道及其他(编码:040204)

| 项目编码 | 项目名称 | 项目特征 | 计量单位 | 工程量计算规则 | 工作内容 |
|---|---|---|---|---|---|
| 040204001 | 人行道整形碾压 | 1. 部位<br>2. 范围 | m² | 按设计人行道图示尺寸以面积计算,不扣除侧石、树池和各种井所占面积 | 1. 放样<br>2. 碾压 |
| 040204002 | 人行道块料铺设 | 1. 材料品种、规格<br>2. 基础、垫层:材料品种、厚度<br>3. 图形 | | 按设计图示尺寸以面积计算,不扣除各种井所占面积,但应扣除侧石、树池所占面积 | 1. 基础、垫层、铺筑<br>2. 块料铺设 |
| 040204003 | 现浇混凝土人行道及进口坡 | 1. 混凝土强度等级<br>2. 厚度<br>3. 垫层、基础:材料品种、厚度 | | | 1. 模板制作、安装、拆除<br>2. 垫层、基础铺筑<br>3. 混凝土拌和、运输、浇筑 |
| 040204004 | 安砌侧(平、缘)石 | 1. 材料品种、规格<br>2. 基础、垫层:材料品种、厚度 | | 按设计图示中心线长度计算 | 1. 开槽<br>2. 基础、垫层铺筑<br>3. 侧(平、缘)石安砌 |
| 040204005 | 现浇侧(平、缘)石 | 1. 材料品种<br>2. 尺寸<br>3. 形状<br>4. 混凝土强度等级<br>5. 基础、垫层:材料品种、厚度 | m | 按设计图示中心线长度计算 | 1. 模板制作、安装、拆除<br>2. 开槽<br>3. 基础、垫层铺筑<br>4. 混凝土拌和、运输、浇筑 |
| 040204006 | 检查井升降 | 1. 材料品种<br>2. 检查井规格<br>3. 平均升(降)高度 | 座 | 按设计图示路面标高与原有的检查井发生正负高差的检查井的数量计算 | 1. 提升<br>2. 降低 |
| 040204007 | 树池砌筑 | 1. 材料品种、规格<br>2. 树池尺寸<br>3. 树池盖面材料品种 | 个 | 按设计图示数量计算 | 1. 基础、垫层铺筑<br>2. 树池砌筑<br>3. 盖面材料运输、安装 |
| 040204008 | 预制电缆沟铺设 | 1. 材料品种<br>2. 规格尺寸<br>3. 基础、垫层:材料品种、厚度<br>4. 盖板品种、规格 | m | 按设计图示中心线长度计算 | 1. 基础、垫层铺筑<br>2. 预制电缆沟安装<br>3. 盖板安装 |

### 5. 交通管理设施

交通管理设施工程量清单项目设置、项目特征描述的内容、计量单位及工程量计算规则,应按表3-7(规范表B.5)规定执行:

交通管理设施清单编制

**表 3-7　交通管理设施(编码:040205)**

| 项目编码 | 项目名称 | 项目特征 | 计量单位 | 工程量计算规则 | 工作内容 |
|---|---|---|---|---|---|
| 040205001 | 人(手)孔井 | 1. 材料品种<br>2. 规格尺寸<br>3. 盖板材质、规格<br>4. 基础、垫层:材料品种、厚度 | 座 | 按设计图示数量计算 | 1. 基础、垫层铺筑<br>2. 井身砌筑<br>3. 勾缝(抹面)<br>4. 井盖安装 |
| 040205002 | 电缆保护管 | 1. 材料品种<br>2. 规格 | m | 按设计图示以长度计算 | 敷设 |
| 040205003 | 标杆 | 1. 类型<br>2. 材质<br>3. 规格尺寸<br>4. 基础、垫层:材料品种、厚度<br>5. 油漆品种 | 根 | 按设计图示数量计算 | 1. 基础垫层铺筑<br>2. 制作<br>3. 喷漆或镀锌<br>4. 底盘、拉盘、卡盘及杆件安装 |
| 040205004 | 标志板 | 1. 类型<br>2. 材质、规格尺寸<br>3. 板面反光膜等级 | 块 | | 制作、安装 |
| 040205005 | 视线诱导器 | 1. 类型<br>2. 材料品种 | 只 | | 安装 |
| 040205006 | 标线 | 1. 材料品种<br>2. 工艺<br>3. 线型 | 1. m<br>2. m² | 1. 以米计量、按设计图示以长度计算<br>2. 以平方米计量,按设计图示尺寸以面积计算 | 1. 清扫<br>2. 放样<br>3. 画线<br>4. 护线 |
| 040205007 | 标记 | 1. 材料品种<br>2. 类型<br>3. 规格尺寸 | 1. 个<br>2. m² | 1. 以个计量、按设计图示数量计算<br>2. 以平方米计量,按设计图示尺寸以面积计算 | |
| 040205008 | 横道线 | 1. 材料品种<br>2. 形式 | m² | 按设计图示尺寸以面积计算 | |
| 040205009 | 清除标线 | 清除方法 | | | 清除 |
| 040205010 | 环形检测线圈 | 1. 类型<br>2. 规格、型号 | 个 | 按设计图示数量计算 | 1. 安装<br>2. 调试 |

| 项目编码 | 项目名称 | 项目特征 | 计量单位 | 工程量计算规则 | 工作内容 |
|---|---|---|---|---|---|
| 040205011 | 值警亭 | 1. 类型<br>2. 规格<br>3. 基础、垫层：材料品种、厚度 | 座 | 按设计图示数量计算 | 1. 基础、垫层铺筑<br>2. 安装 |
| 040205012 | 隔离护栏 | 1. 类型<br>2. 规格、型号<br>3. 材料品种<br>3. 基础、垫层：材料品种、厚度 | m | 按设计图示以长度计算 | 1. 基础、垫层铺筑<br>2. 制作、安装 |
| 040205013 | 架空走线 | 1. 类型<br>2. 规格、型号 | | | 架线 |
| 040205014 | 信号灯 | 1. 类型<br>2. 灯架材质、规格<br>3. 基础、垫层：材料品种、厚度<br>4. 信号灯规格、型号、组数 | 套 | 按设计图示数量计算 | 1. 基础、垫层铺筑<br>2. 灯架制作、镀锌、喷漆<br>3. 底盘、拉盘、卡盘及杆件安装<br>4. 信号灯安装、调试 |
| 040205015 | 设备控制机箱 | 1. 类型<br>2. 材质、规格尺寸<br>3. 基础、垫层：材料品种、厚度<br>4. 配置要求 | 台 | | 1. 基础、垫层铺筑<br>2. 安装<br>3. 调试 |
| 040205016 | 管内配线 | 1. 类型<br>2. 材质<br>3. 规格、型号 | m | 按设计图示以长度计算 | 配线 |
| 040205017 | 防撞筒（墩） | 1. 材质品种<br>2. 规格、型号 | 个 | 按设计图示数量计算 | 制作、安装 |
| 040205018 | 警示柱 | 1. 类型<br>2. 材料品种<br>3. 规格、型号 | 根 | | 制作、安装 |
| 040205019 | 减速垄 | 1. 材料品种<br>2. 规格、型号 | m | 按设计图示以长度计算 | |

续　表

| 项目编码 | 项目名称 | 项目特征 | 计量单位 | 工程量计算规则 | 工作内容 |
|---|---|---|---|---|---|
| 040205020 | 监控摄像机 | 1. 类型<br>2. 规格、型号<br>3. 支架形式<br>4. 防护罩要求 | 台 | 按设计图示数量计算 | 1. 安装<br>2. 调试 |
| 040205021 | 数码相机 | 1. 规格、型号<br>2. 立杆材质、形式<br>3. 基础、垫层：材料品种、厚度 | | | 1. 基础、垫层铺筑<br>2. 安装<br>3. 调试 |
| 040205022 | 道闸机 | 1. 类型<br>2. 规格、型号<br>3. 基础、垫层：材料品种、厚度 | | | |
| 040205023 | 可变信息情报板 | 1. 类型<br>2. 规格、型号<br>3. 立（横）杆材质、形式<br>4. 配置要求<br>5. 基础、垫层：材料品种、厚度 | | | |
| 040205024 | 交通智能系统调试 | 系统类别 | | | 系统调试 |

## 二、清单编制实例

某道路工程平面图、路面结构图如下图所示。请依据施工图纸、清单计价规范等编制该项目的工程量清单。（钢筋不计）

图 3-4　平面图

图 3-5 路面结构图

图 3-6 板块划分示意图

图 3-7 胀缝构造图

## 1. 识图

道路平面图、断面图、路面结构图等。

## 2. 列项

（1）040202013001 粉煤灰三渣基层（30 cm 厚）

（2）040202013001 粉煤灰三渣基层（15 cm 厚）

（3）040203005001 水泥混凝土路面

（4）040204001001 人行道块料铺设

（5）040204003001 安砌侧石

## 3. 清单工程量计算

粉煤灰三渣基层

$S = 4\ 124.60 + 437.70 \times 0.25 = 4\ 234.03\ \text{m}^2$（车行道下）

$S = 200 \times 4 \times 2 - 12 \times 4 \times 3 - 0.214\ 6 \times 42 \times 6 + 10 \times 2 \times 3 \times 4 - 437.70 \times 0.15$

　　$= 1\ 609.70\ \text{m}^2$（人行道下）

水泥混凝土路面

$S = 200 \times 18 + 12 \times (10 + 4) \times 3 + 0.214\ 6 \times 4^2 \times 6 = 4\ 124.60\ \text{m}^2$

人行道块料铺设

$S = 200 \times 4 \times 2 - 12 \times 4 \times 3 - 0.214\ 6 \times 4^2 \times 6 + 10 \times 2 \times 3 \times 4 - 437.70 \times 0.15$

　　$= 1\ 609.70\ \text{m}^2$

安砌侧石

$L = 200 \times 2 - (12 + 4 \times 2) \times 3 + 1.5 \times 2 \times \pi \times 4 + 10 \times 6 = 437.70\ \text{m}$

### 4. 编制清单

表 3-8　分部分项工程量清单

工程名称：某城市道路—道路工程　　　　　　　　　　　　　　　　　第1页　共1页

| 序号 | 项目编码 | 项目名称 | 项目特征 | 计量单位 | 工程数量 |
|---|---|---|---|---|---|
| 1 | 040202014001 | 粉煤灰三渣基层 | 厚度：30 cm，车行道下<br>配合比：按设计 | m² | 4 234.03 |
| 2 | 040202014002 | 粉煤灰三渣基层 | 厚度：15 cm，人行道下<br>配合比：按设计 | m² | 1 609.70 |
| 3 | 040203007001 | 水泥混凝土路面 | 混凝土强度等级：抗折 4.0 Mpa<br>厚度：24 cm | m² | 4124.6 |
| 4 | 040204002001 | 人行道块料铺设 | 材质：5 cm 厚预制人行道板<br>垫层：2cmM10 砂浆 | m² | 1 609.70 |
| 5 | 040204004001 | 安砌侧石 | 材料：C25 预制砼侧石<br>尺寸：37×15×100 cm<br>垫层：2cmM10 砂浆 | m | 437.70 |

# 第三节　道路工程定额计价

## 一、2014 版江苏省市政计价定额适用范围及有关说明

（1）《道路工程》册是市政工程计价定额的第二册，共五章，包括路床（槽）整形、道路基层、道路面层人行道侧缘石及其他、道路交通管理设施工程，适用于城镇范围以内按市政工程规范和标准设计和验收的新建、扩建和大、中修道路工程。

（2）市政工程道路与建筑工程道路的划分：按《城市道路工程设计规范》设计的道路属于市政工程道路。厂区、小区内幢与幢之间按《建筑工程标准图集》设计的道路属建筑工程道路；厂区、小区内按《城市道路工程设计规范》设计的道路仍属于市政工程道路。

（3）道路工程中的排水项目，可按排水工程分册的有关项目执行。

(4) 本定额中的工序、人工、机械、材料等均系综合取定。除另有规定者外,均不得调整。

(5) 本定额的多合土项目按现场拌合考虑,部分多合土项目考虑了厂拌。

(6) 本定额凡使用石灰的子目,均不包括消解石灰的工作内容。编制预算中,应先计算出石灰总用量,然后套用消解石灰子目。

## 二、定额项目解释及定额应用有关说明

### 1. 路床(槽)整形

本章包括路床(槽)整形、路基盲沟、铺筑垫层料等子目。

路床(槽)整形项目的内容,包括平均厚度 10 cm 以内的人工挖高填低、整平路床,使之形成设计要求的纵横坡度,并应经压路机碾压密实。

边沟成型,综合考虑了边沟挖土的土类和边沟两侧边坡培整面积所需的挖土、培土、修整边坡及余土抛出沟外的全过程所需人工。边坡所出余土弃运路基 50 m 以外。

混凝土滤管盲沟定额中不含滤管外滤层材料。

粉喷桩定额中,桩直径取定 50 cm。

### 2. 道路基层

(1) 道路基层分类及施工工艺

道路基层按位置分为底基层、上基层;按材料分为上合土基层、稳定类半刚性土基层等。

① 多合土基层

a. 二灰土基层:由粉煤灰、石灰和土按照一定比例拌合而成的一种筑路材料的简称。拌合方式有人工拌合、拌和机拌合、厂拌人铺。二灰土压实成型后能在常温和一定湿度条件下起水硬作用,逐渐形成板体。它的强度在较长时间内将随着龄期而增加,但不耐磨,因其初期承载能力小,在未铺筑其他基层、面层以前,不宜开放交通。二灰土的压实厚度以 10~20 cm 为宜,最小施工厚度 10 cm。

b. 二灰碎石基层:是由粉煤灰、石灰和碎石按照一定比例拌合而成的一种筑路材料的简称。其中石灰:粉煤灰:碎石指的是质量比,拌合方式只有拌和机集中拌合。

c. 石灰、土、碎石基层:是石灰、土、碎石按照一定质量拌合而成的一种筑路材料,拌合方式分为机拌和厂拌两种。

多合土基层中各种材料是按常用的配合比编制的,当设计配合比与定额不符时,有关的材料消耗量可以调整。但人工和机械台班的消耗量不得调整。

② 稳定类半刚性基层

a. 粉煤灰三渣基层:粉煤灰三渣材料分为路拌、厂拌两类。粉煤灰三渣基层是由熟石灰、粉煤灰和碎石拌合而成,是一种具有水硬性和缓凝性特征的路面结构层材料。在一定的温度、湿度条件下碾压成型后,强度逐步增长形成板体,具一定的抗弯能力和良好的水稳定性。

水泥稳定基层等如采用厂拌,可套用厂拌粉煤灰三渣基层相应子目;道路基层如采用沥青混凝土摊铺机摊铺,可套用厂拌粉煤灰三渣基层(沥青混凝土摊铺机摊铺)相应子目,材料调整换算,其他不变。

b. 水泥稳定类基层:包括水泥稳定碎石基层(5%、6%水泥含量)、水泥稳定碎石砂基层的定额子目。

水泥稳定碎石是由水泥和碎石级配料经拌和、摊铺、振捣、压实、养护后形成的一种路基材料,特别在地下水位以下部分,强度能持续成长,从而延长道路的使用寿命。水泥稳定碎石基层的施工工艺为:放样→拌制→运输→摊铺→振捣碾压→养护→清理。因水泥稳定碎石在水泥初凝前必须终压成型,所以采用现场拌和,并采用支模后摊铺,摊铺完成后,边缘用平板式振捣器振实,再用轻型压路机初压、重型压路机终压的施工方法,压实厚度以 10～20 cm为宜,最小施工厚度 10 cm。严禁施工贴薄层。

c. 沥青稳定类基层:沥青稳定碎石采用人工摊铺撒料,喷油机喷油,压路机碾压的施工方法。

③ 底基层

底基层根据材料的不同分为:天然砂砾、卵石、碎石、块石、矿渣、塘渣、沙、石屑。定额分人工铺装与人机配合铺装两类,铺设厚度与定额不同时按比例调整。常见基层做法如图。

**图 3-8　常见基层做法**

(2)几点定额说明

① 本章包括各种级配的多合土基层等子目。

② 石灰土基、多合土基多层次铺筑时,其基础顶层需进行养生,养生期按七天考虑,其用水量已综合在顶层多合土养生定额内,使用时不得重复计算用水量。

③ 多合土基层中各种材料是按常用的配合比编制的。当设计配合比与定额不符时,有关的材料消耗量可以调整,但人工和机械台班的消耗不得调整。调整的方法如下:多合土的

配合比为重量比,干紧容重为 $D$(由实验室测定),定额体积为 $V$。

$$石灰:粉煤灰:土=14:30:56$$
$$W_{石灰}=D\times V\times 14\%+定额损耗$$
$$W_{粉煤灰}=D\times V\times 30\%+定额损耗$$
$$W_{土}=D\times V\times 56\%+定额损耗$$

配合比中的石灰 $W$ 石灰为熟石灰的重量,熟石灰换算为生石灰的折减系数为 1.2。

**例 3-1** 35 cm 厚的二灰碎石基层,配合比是石灰:粉煤灰:碎石=8%: 12%: 80%,请计算 100 $m^2$ 二灰碎石基层石灰、碎石、粉煤灰的实际消耗量。

(复合土的配合比为重量比,干紧容重为 2.02 T/$m^3$,材料损耗率为 2.5%)。

**解**

| 项目名称 | 单位 | 计算公式 |
|---|---|---|
| 35 cm 厚二灰碎石基层 | 100 $m^2$ | |
| 石灰 | t | $0.35\times 100\times 2.02\times(1+2.5\%)\times 0.08/1.2=4.83$ |
| 粉煤灰 | t | $0.35\times 100\times 2.02\times(1+2.5\%)\times 0.12=8.696$ |
| 碎石 | t | $0.35\times 100\times 2.02\times(1+2.5\%)\times 0.8=57.974$ |

④ 石灰土基层中的石灰均为生石灰的消耗量。土为自然方用量。

⑤ 本章中设有"每增减"的子目,适用于压实厚度 20 cm 以内。压实厚度在 20 cm 以上应按两层结构层铺筑。

**例 3-2** 石灰:粉煤灰:砂砾为 10:20:70 的多合土基层,2-171 子目的 15 cm 厚综合基价为 3 156.42 元/100 $m^2$,2-172 子目的 20 cm 厚综合基价为 4 085.84 元/100 $m^2$,2-173 子目为每增减 1 cm 相应增减综合基价 185.58 元/100 $m^2$。试换算 17 cm、25 cm、30 cm、35 cm、40 cm、45 cm 厚多合土基层的综合基价。

**解** 17 cm 厚综合基价=3 156.42+185.48×2=3 527.58(元/100 $m^2$)

25 cm 厚综合基价=3156.42+3156.42-185.48×5=5384.94(元/100 $m^2$)

30 cm 厚综合基价=3 156.42×2=6 312.84(元/100 $m^2$)

35 cm 厚综合基价=3 156.42+4 085.84=7 242.26(元/100 $m^2$)

40 cm 厚综合基价=4 085.84×2=8 171.68(元/100 $m^2$)

45 cm 厚综合基价=3 156.42×3=9 469.26(元/100 $m^2$)

⑥ 道路基层厚度不同时,单价换算应用插入法公式:

$$B=A+(C-A)\times d$$

式中:$B$—介于两个数值之间的数;

$A$—相邻的低的那一数值;

$C$—相邻的高的那一数值;

$d$—介于两个数值之间的差:当步距为 10 时,取 1/10、2/10、…、1;当步距为 5 时,取 1/5、2/5、…、1;当步距为 2 时,取 1/2、1。

**例 3-3** 2-204 子目的 10 cm 厚综合单价为 1 628.88 元/100 $m^2$,2-205 子目的 15 cm

厚综合单价为 2 319.51 元/100 m²。试换算 13 cm 厚碎石底层的综合单价。

**解**　13 cm 厚综合基价＝1 628.88＋(2 319.51－1 628.88)×3/5

$$＝1 628.88＋690.63×3/5$$

$$＝1 628.88＋414.38＝2 043.26(元/100 m^2)$$

⑦ 凡使用石灰的子目,均不包括石灰的消解。编制预结算时,应先计算出石灰总用量,然后套"消解石灰"子目。多合土集中拌合时,套集中消解石灰子目,多合土原槽拌合时,套小堆消解石灰子目。

### 3. 道路面层

1) 道路面层分类及施工工艺

道路面层定额主要包括简易路面、沥青类路面及水泥混凝土路面。

(1) 沥青类路面

① 沥青表面处治:分为单层式、双层式、三层式。

三层式沥青表面处治施工工艺:清扫基层→洒透层(或粘层)沥青油料→洒第一层沥青→撒第一层集料→碾压→洒第二层沥青→撒第二层集料→碾压→洒第三层沥青→撒第三层集料→碾压。双层式、单层式沥青表处则依次减少洒沥青、撒集料、碾压数遍。

② 沥青贯入式:厚度宜为 4～8 cm。

施工工艺:清扫基层→洒透层(或粘层)沥青油料→撒主层集料→碾压→洒第一遍沥青→撒第一遍嵌缝料→碾压→洒第二遍沥青→撒第二遍嵌缝料→碾压→洒第三遍沥青→撒封层料→碾压→初期养护

③ 黑色(沥青)碎石:又称为沥青碎石路面。

沥青碎石混合料采用拌和厂机械拌和,摊铺方式分人工摊铺或沥青摊铺机摊铺,先轻型后重型压路机碾压成型。

④ 沥青混凝土

沥青混凝土路面是由几种规格大小不同颗粒的矿料(包括碎石或轧制的砾石、石屑、砂和矿粉等)和一定数量的沥青,按照一定的比例在一定温度下拌和而成的混合料,经摊铺碾压而成的路面面层结构。

沥青混凝土路面分类:按沥青材料的不同分为石油沥青混凝土和煤沥青混凝土。按矿料的最大粒径不同可分为:粗粒式(LH-15、LH-10)、沥青砂(LH-5)等类型。LH 代表沥青混凝土混合料,其数字代表矿料最大粒径 mm。按路面结构型式分为单层式或双层式:一般单层式厚 4～6 cm,双层式厚 7～9 cm,下层厚 4～5 cm,上层厚 3～4 cm。沥青类路面结构层示意图如图 3-9。

沥青混凝土混合料采用拌和厂机械拌和,摊铺方式分人工摊铺和沥青摊铺机摊铺,压实分初压、复压、终压三个阶段。施工时应控制每个阶段沥青混合料的施工温度:如出厂温度、运至现场温度、摊铺温度、碾压温度、碾压终了温度、开放交通温度。

粗、中粒式沥青混凝土路面在发生厚度"增减 0.5 cm"时,定额子目按"每增减 1 cm"子目减半套用。

(2) 沥青透层、粘层与封层

透层、粘层、封层是沥青混合料路面施工的辅助层,可以起到过渡、粘结或提高道路性能的作用。《城镇道路工程施工与质量验收规范》(CJJ—2008)第 8.4 条关于沥青透层油、粘层

图 3-9　沥青类路面结构层示意图

油与封层油的内容如下：

① 透层油：透层油一般喷洒在无机结合料与粒料基层或水泥稳定层面上，让油料渗入基层后方可铺筑面层，其作用是使非沥青类材料基层与沥青面层之间良好粘结。透层油沥青的稠度宜通过试验确定，对于表面致密的半刚性基层宜采用渗透性好的稀透层沥青；对级配砂砾、级配碎石等粒料基层宜采用软稠的透层沥青。

② 粘层油：粘层油一般是喷洒在双层式或三层式热拌热铺沥青混合料路面的沥青层之间，或旧路上加铺沥青起粘结的油层。目的是使层与层之间的混合料粘成整体，提高道路的整体强度。

③ 封层油：封层油一般用于路面结构层的连接与防护，如喷洒在需要开放交通的基层上，或在旧路上铺筑进行路面养护修复。其作用是使道路表面密封，防止雨水侵入道路，保护路面结构层，防止表面磨耗损坏。封层分为上封层和下封层。上封层铺筑在沥青面层的上表面，下封层铺筑在沥青面层的下表面。

（3）水泥混凝土路面

① 水泥混凝土路面施工工艺

模板安装→混凝土的搅拌和运输→浇筑→振捣→安装伸缩缝板、钢筋→找平→拉毛、刻槽、养生→切缝、灌封。

② 水泥混凝土板块划分

水泥混凝土板块一般采用矩形，板宽即纵缝间距，其最大间距不得大于 4.5 cm。板长即横缝间距，因根据气候条件、板厚和实践经验确定，一般为 4～5 m，最大不得超过 6 m。板宽和板长之比以 1∶1.3 为宜。板的横断面一般采用等厚式，最大板块不宜超过 25 m²，厚度通过计算确定，最小厚度一般不小于 15 cm。如图 3-10 所示为水泥混凝土路面平面示意图。

③ 接缝

纵向和横向接缝一般为垂直相交，其纵缝两侧的横缝不得相互错位。

④ 纵缝

纵缝是沿行车方向两块混凝土板之间的接缝，通常在板厚中央设置拉杆。纵缝可分为纵向施工缝和纵向伸缩缝两类。

图 3－10　水泥混凝土路面平面布置图

图 3－11　纵向施工缝构造(尺寸单位:mm)

图 3－12　纵向伸缩缝构造(尺寸单位:mm)

当一次铺筑宽度小于路面宽度时,应设纵向施工缝,纵向施工缝采用平缝形式,上部锯切槽口,切槽深度一般为 1/3 板厚,槽内灌塞填缝料。

当一次铺筑宽度大于 4.5 m 时,应设置纵向缩缝,缩缝采用假缝形式,锯切的槽口深度应大于板厚的 1/3 深度。

⑤ 横缝

横缝可分为横向缩缝、横向胀缝和横向施工缝三类。缩缝是在混凝土浇筑以后用切缝机进行切缝的接缝,通常为不设传力杆的假缝,在邻近胀缝或自由端部的 3 条缩缝,应采用传力假缝形式。

图 3－13　横向缩缝构造(尺寸单位:mm)

图 3-14 横向胀缝构造(尺寸单位:mm)

图 3-15 横向施工缝构造(尺寸单位:mm)

胀缝下部应设预制填缝板,中穿传力杆,上部填封缝料。传力杆在浇筑前必须固定,使之平行于板面及路中心线。在邻近桥梁或其他固定构筑物或与其他道路相交处应设置胀缝。

每日施工终了或遇浇筑混凝土过程中因故中断时,必须设置横向施工缝,其位置宜设置在缩缝或胀缝处。胀缝处的施工缝同胀缝施工,缩缝处的施工缝应采用加传为杆的平缝或企口缝形式。

⑥ 路面钢筋

混凝土路面中除在纵缝处设置拉杆(采用螺纹钢筋)、横缝处设置传力杆(采用光圆钢筋)外,还需要按要求在特殊部位设置补强钢筋,如边缘钢筋、角隅钢筋、钢筋网等。混凝土面层钢筋定额中编制了传力杆、构造筋和钢筋网子目。钢筋网片套用钢筋网定额,传力杆、拉杆套用传力杆定额,边缘(角隅)加固筋等钢筋均套用构造筋定额。

(a)

**图 3-16 边缘钢筋构造(尺寸单位:mm)**

**图 3-17 发针型角隅钢筋构造**

**图 3-18 钢筋网片构造**

2)几点定额说明

水泥混凝土路面,综合考虑了前台的运输工具不同所影响的工效及有筋无筋等不同的工效。施工中无论有筋无筋及出料机具如何均不换算。水泥混凝土路面中未包括钢筋用量。如设计有筋时,套用水泥混凝土路面钢筋制作项目。

水泥混凝土路面均按现场搅拌机搅拌。如实际采用预拌混凝土,则按总说明中的计算办法计算。

**4. 人行道及其他**

本章包括:人行道板、侧石(立缘石)、花砖安砌等子目。

本章所采用的人行道板、侧石(立缘石)、花砖等砌料及垫层如与设计不同时,材料量可按设计要求另计其用量,但人工不变。

### 5. 道路交通管理设施工程

本章定额适用于道路、桥梁、隧道、广场及停车场(库)的交通管理设施工程。

本章定额包括交通标志、交通标线、交通信号设施、交通隔离设施、邮电管线等工程项目。

本章定额中未包括翻挖原有道路结构层及道路修复内容,发生时套用相关定额。

管道的基础及包封参照其他分册有关子目执行。

基础挖土定额适用于工井。

混凝土基础定额中未包括基础下部预埋件,应另行计算。

工井定额中未包括电缆管接入工井时的封头材料,应按实计算。

电缆保护管辅设定额中已包括连接管数量,但未包括砂垫层,砂垫层可按设计数量套用排水管道工程的相应定额计算。

交通岗位设施:值勤亭安装定额中未包括基础工程和水电安装工作内容,发生时套用相关定额另行计算。值勤亭按工厂制作、现场整体吊装考虑。

## 三、工程量计算规则

### 1. 路基处理

(1) 路床(槽)碾压宽度应按设计道路底层宽度加加宽值计算。加宽值在无设计说明或经批准施工组织设计中无明确规定时按底层两层各加 25 cm 计算,人行道碾压按一侧计算。

(2) 石灰砂桩处理软土地及定额工程量为设计桩断面乘以桩长,以"m³"计。

(3) 袋装砂井及塑料排水带按设计深度以"m"计算。

(4) 土工合成材料工程量按铺设面积以"m²"计算。

(5) 路基填筑应按填筑体积以"m³"计。

### 2. 道路基层

① 道路工程路基应算至路牙外侧 15 cm。若设计图纸已标明各结构层的宽度,则按设计图纸尺寸计算各结构层的数量。

② 道路工程石灰土、多合土养生面积计算,按设计基层顶层的面积计算。

③ 道路基层计算不扣除各种井位所占的面积,道路基层设计截面如为梯形时,应按其截面平均宽度计算面积。

④ 道路工程的侧缘(平)石、树池等项目以延长米计算,包括各转弯处的弧形长度。

### 3. 道路面层

① 水泥混凝土路面以平口为准,如设计为企口时,其用工量按本定额相应项目乘以系数 1.01。木材摊销量按本定额相应项目摊销量乘以系数 1.051。

② 道路路面工程量为"设计长×设计宽－两侧路沿面积",不扣除各类井所占面积,单位以"m²"计算。

③ 水泥混凝土路面养生与路面面积一样。

④ 伸缩缝以面积为计量单位。此面积为缝的断面积,即"设计宽×设计厚"。

⑤ 交路口面积计算,交叉口转角面积计算公式如下:

(1) 路正交时路口转角面积计算(图 3-19):$F=0.214\,6R^2$

(2) 道路斜交时路口转角面积计算(图 3-20):$F=R^2[\text{tg}a/2-0.008\,73a]$($a$ 以角度计)

图 3 - 19　道路正交示意

图 3 - 20　道路斜交示意

#### 4. 人行道及其他

人行道板、异型彩色花砖安砌面积计算按实铺面积计算。

#### 5. 道路交通管理设施工程

(1) 标杆安装按规格以"直径×长度"表示,以套计算。反光柱安装以"根"计算。圆形、三角形标志板安装,按作方面积套用定额,以"块"计算。减速板安装以"块"计算。视线诱导器安装以"只"计算。

(2) 实线按设计长度计算。分界虚线按规格以"线段长度×间隔长度"表示,工程量按虚线总长计算。横道线按实漆面积计算。停止线、黄格线、导流线、减让线参照横道线定额按实漆面积计算,减让线按横道线定额人工及机械台班数量乘以系数1.05。文字标记按每个文字的整体外围作方高度计算。

(3) 交通信号灯安装以"套"计算。

(4) 管内穿线长度按内长度与余留长度之和计算。环线检测线敷设长度按实埋长度与余留长度之和计算。

(5) 车行道中心隔离护栏(活动式)底座数量按实计算。机非隔离护栏分隔墩数量按实计算。机非隔离护栏的安装长度按整段护栏首尾两只分隔墩的外侧面之间的长度计算。人行道隔离护栏的安装长度按整段护栏首尾之间的长度计算。

(6) 塑料管铺排长度按井中至井中以延长米计算。邮电井、电力井的长度扣除。

# 第四节　道路工程清单计价实例

### 案例一

某道路修筑桩号为 0+050 至 0+550,路面宽度为 10 m,路肩各宽 0.5 m,土质为三类土,填方要求密实度达到 93%(10 T 震动压路机碾压),道路挖土 3 980 m³,填方 2 080 m³。施工采用 1 m³ 反铲挖掘机挖三类土(不装车);土方平衡挖、填土方场内运输 50 米(75 kW 推土机推土)不考虑机械进退场;余方弃置拟用人工装土,自卸汽车(8t)运输 3 km;路床碾压按路面宽度每边加 30 cm。根据上述情况,进行道路土方工程工程量清单分部分项计价。(人、材、机价格及费率标准依据 2014 江苏省市政工程计价定额,不调整。)

表 3-9　工程量计算表

| 序号 | 子目名称 | 计算公式 | 单位 | 数量 | 备注 |
|---|---|---|---|---|---|
| 1 | 挖一般土方(三类土) | 题中给定 | m³ | 3 980 | 清单工程量 |
| | 1 m³ 反铲挖掘机Ⅲ类土(不装车) | 题中给定 | m³ | 3 980 | 计价定额工程量 |
| | 土方场内运输60米(一二类土) | 题中给定 | m³ | 3 980 | 计价定额工程量 |
| 2 | 填方(密实度93%) | 题中给定 | m³ | 2 080 | |
| 3 | 余方弃置 | 3 980－2 080×1.15 | m³ | 1 588 | 清单工程量 |
| | 余方弃置 | 3 980－2 080×1.15 | m³ | 1 588 | 计价定额工程量 |

表 3-10　工程量清单综合单价分析表

| 项目编码 | 040101001001 | 项目名称 | 挖一般土方 | 计量单位 | m³ | 清单工程量 | 3 980 |
|---|---|---|---|---|---|---|---|
| 清单综合单价组成明细 | | | | | | | |
| 定额编号 | 名　称 | | 单位 | 计价定额工程量 | 基价 | | 合价 |
| 1-222 | 1 m³ 反铲挖掘机挖三类土(不装车) | | 1 000 m³ | 3.98 | 6 356.58 | | 25 299.19 |
| 1-77 | 75 kW 推土机推土 50 m | | 1 000 m³ | 3.98 | 6 246.25 | | 24 860.08 |
| 计价表合价汇总(元) | | | | | | | 50 159.27 |
| 清单项目综合单价(元) | | | | | | | 12.60 |

表 3-11　工程量清单综合单价分析表

| 项目编码 | 040103001001 | 项目名称 | 回填方 | 计量单位 | m³ | 清单工程量 | 2 080 |
|---|---|---|---|---|---|---|---|
| 清单综合单价组成明细 | | | | | | | |
| 定额编号 | 名称 | | 单位 | 计价定额工程量 | 基价 | | 合价 |
| 1-376 | 振动压路机填土碾压 | | 1 000 m³ | 2.08 | 4 581.48 | | 9 529.48 |
| 计价表合价汇总(元) | | | | | | | 9 529.48 |
| 清单项目综合单价(元) | | | | | | | 4.58 |

表 3-12　工程量清单综合单价分析表

| 项目编码 | 040103002001 | 项目名称 | 余方弃置 | 计量单位 | m³ | 清单工程量 | 1 588 |
|---|---|---|---|---|---|---|---|
| 清单综合单价组成明细 | | | | | | | |
| 定额编号 | 名称 | | 单位 | 计价定额工程量 | 基价 | | 合价 |
| 1-1 | 人工挖一、二类土 | | 100 m³ | 15.88 | 1 485.35 | | 23 587.36 |
| 1-279 | 自卸汽车(8 t 以内)运土 3 km | | 1 000 m³ | 1.588 | 14 032.78 | | 22 284.05 |
| 计价表合价汇总(元) | | | | | | | 45 871.41 |
| 清单项目综合单价(元) | | | | | | | 28.89 |

## 案例二

工程描述：

中山路为新建城市道路次干道，设计路段桩号 K0＋000～K0＋260，道路起点位于斜交十字交叉口。道路横断面采用双幅路形式，红线宽度 42 米，在桩号 K0＋060～K0＋240 设有 4 米宽的中间分隔带，两侧人行道处共设树池 42 只。具体布置详见道路平面图。人行道及行车道路面构造详见道路构造图。

有关施工方案说明：

1. 全线均为挖方路段二类土，采用机械挖土，余土直接装车外运，运距 5 km，挖土体积为 1 627.27 m³。

2. 施工机械中的大型机械油：履带式挖掘机、履带式推土机各 1 台，压路机 2 台。

3. 粉煤灰三土渣基层采用沥青摊铺机摊铺，施工时两侧立侧模，稳定层顶层采用养护毯养生。

4. 在稳定层与粗粒式沥青混凝土之间喷洒透层油，设计石油沥青用油量 1.2 kg/m²。

5. 水泥混凝土、水泥稳定碎石均在施工搅拌站集中搅拌，搅拌站设桩号 K0＋100 处；混凝土、砂浆直接在施工点搅拌，采用机动翻斗车运输。

6. 沥青混凝土、粉煤灰三渣、人行道吸水砖以及平、侧石均按成品考虑。

试根据以上条件按工料计价法计算道路工程的工程量

**图 3－21 道路平面图**

图 3－22　道路结构图

**解**　根据图纸计算出基本数据如下：

1. 混凝土侧石长度：

道路人行道侧石　$L_{人行道}=(260-18.50-21.62-10/\sin 85.53°+29.86+32.98+3.9)\times 2=553.18$ m

中央分隔带侧石　$L_{分隔带}=(180-4)\times 2+3.14\times 4=364.56$ m

2. 道路面积：

主线直线面积　$S_{主线}=260\times 32=8\ 320$ m²

交叉线增加面积　$S_{交叉口}=[20\times(\mathrm{tg}\ 85.53°/2-0.008\ 73\times 85.53°)+20^2\times(\mathrm{tg}94.47°/2-0.008\ 73\times 94.47°)]\times 2+(76.12-32/\sin 85.53°)\times 10=809.17$ m²

式中，76.12 为交叉口中心线斜长

扣分隔带面积　$S_{分隔带}=(180-4)\times 4+3.14\times 2=716.57$ m²

道路面积合计　$8\ 320+809.17+716.57=8\ 412.60$ m²

3. 人行道面积

人行道面积（含侧石）　$S_{人行道}=553.18\times 5=2\ 765.90$ m²

扣池树面积　$S_{树池}=1.2\times 1.2\times 42=60.48$ m²

人行道面积合计　$S=2\ 765.90-60.48=2\ 705.42$ m²

**表 3-13　工程量计算书**

工程名称：中山路道路工程

| 序号 | 工程项目名称 | 单位 | 计算公式 | 数量 |
|---|---|---|---|---|
| 1 | 挖掘机挖土装车一、二类土 | m³ | 已知条件 | 1 627.27 |
| 2 | 自卸汽车运土方运距 5 km 内 | m³ | 已知条件 | 1 627.27 |
| 3 | 路床碾压检验 | m² | 8 412.60＋(553.18＋364.56)×0.8 | 9 146.79 |
| 4 | 人机配合铺装塘碴底层厚度 35 cm | m² | 8 412.60＋(553.18＋364.56)×0.55 | 8 917.36 |
| 5 | 沥青混凝土摊铺机摊铺粉煤灰三渣基层厚度 28 cm | m² | 8 412.60＋(553.18＋364.56)×0.3×0.205/0.28 | 8 614.18 |
| 6 | 粉煤灰三渣基层模板 | m² | (553.18＋364.56)×0.28 | 256.97 |
| 7 | 粉煤灰三渣基层模板 | m² | 8412.60＋(553.18＋364.56)×0.3 | 8 687.92 |
| 8 | 粉煤灰三渣基层喷洒石油沥青透层 | m² | 8 412.60－(553.18＋364.56)×0.5 | 7 963.7 |
| 9 | 机械摊铺粗粒式沥青混凝土路面厚 7 cm | m² | 7 963.7 | 7 963.7 |
| 10 | 机械摊铺中粒式沥青混凝土路面厚 4 cm | m² | 7 963.7 | 7 963.7 |
| 11 | 机械摊铺细粒式沥青混凝土路面厚 3.5 cm | m² | 7 963.7 | 7 963.7 |
| 12 | 人行道整形碾压 | m² | 2 765.90＋553.18×0.25 | 2 904.2 |
| 13 | 现拌 C10 混凝土人行道基础厚度 10 cm | m² | 2 765.90－0.9×0.9×42－553.18×0.15 | 2 648.90 |
| 14 | 彩色吸水砖人行道板人字纹安砌 M10 水泥砂浆垫层厚度 2 cm | m² | 2 765.90－60.48－553.18×0.15 | 2 622.44 |

续　表

| 序号 | 工程项目名称 | 单位 | 计算公式 | 数量 |
|---|---|---|---|---|
| 15 | 人工铺装侧平石 C15 混凝土靠背 | m³ | 553.18×0.1×0.1/2+364.56×0.18×0.1+0.95×4×0.05×0.05/2×42 | 9.53 |
| 16 | 人工铺装侧平石 M10 水泥砂浆粘结层 | m³ | (553.18+364.56)×0.025×0.5+(553.18+364.56)×0.02×0.15+(1.2×1.2−0.9×0.9)×42×0.02 | 14.754 |
| 17 | 混凝土侧石安砌 | m | 553.18+364.56 | 917.74 |
| 18 | 混凝土平石安砌 | m | 553.18+364.56 | 917.74 |
| 19 | 彩色吸水砖立砌树池水泥砂浆 M10 | m | 1.1×4×42 | 184.80 |
| 20 | 机动翻斗车场内运水泥混凝土运距 130 m | m³ | 9.53+2 648.90×0.1 | 274.42 |
| 21 | 履带式挖掘机 1 m³ 以内场外运输费用 | 次 | 1 | 1 |
| 22 | 履带式推土机 90 kW 以内场外运输费用 | 次 | 1 | 1 |
| 23 | 压路机场外运输费用 | 次 | 2 | 2 |

## 案例三

道路工程桩号自 K0+030 至 K1+080，车行道宽 10 m，设计路面结构为：4 cm 细粒式沥青砼(Sup-13)＋6 cm 粗粒式沥青砼(Sup-25)＋20 cm 二灰碎石(配合比为石灰：粉煤灰：碎石＝6：12：82)＋20 cm12％灰土，节点大样如图 3-23 所示。

图 3-23　某道路节点大样图(单位：cm)

已知：设计要求 SUP 沥青混合料使用 AH-70 石油沥青，其余使用乳化沥青；招标文件要求为：灰土使用商品料，下面层沥青完成后招标人即使用该道路工程，两个月后再实施上面层；路基及绿化带土方不考虑。试计算该道路工程计价定额工程量及清单工程量并编制分部分项工程量清单。

表 3-14　工程量计算表

| 序号 | 子目名称 | 计算公式 | 单位 | 数量 |
|---|---|---|---|---|
| 一 | 定额工程量 | | | |
| 1 | 4 cm 细粒式沥青砼(Sup-13) | (10−0.2×2)×1 050 | m² | 10 080.00 |
| 2 | 粘层油 | (10−0.2×2)×1 050 | m² | 10 080.00 |
| 3 | 6 cm 粗粒式沥青砼(Sup-25) | (10−0.2×2)×1 050 | m² | 10 080.00 |

续　表

| 序号 | 子目名称 | 计算公式 | 单位 | 数量 |
|---|---|---|---|---|
| 4 | 透层油 | (10−0.2×2)×1 050 | m² | 10 080.00 |
| 5 | 20 cm 二灰碎石 | 顶宽:10+(0.1+0.1+0.05−0.05×1)×2=10.4 m | | |
| | | 底宽:10+(0.1+0.1+0.05+0.15)×2=10.8 m | | |
| | | 面积:(10.4+10.8)/2×1 050 | m² | 11 130.00 |
| 6 | 二灰碎石养生 | 10.4×1 050 | m² | 10 920.00 |
| 7 | 20 cm 12%灰土 | 顶宽:10.8+0.1×2=11 m | | |
| | | 底宽:11+0.2×2=11.4 m | | |
| | | 面积:(11+11.4)/2×1 050 | m² | 11 760.00 |
| 8 | 灰土顶面养生 | 11×1 050 | m² | 11 550.00 |
| 9 | 25×10 cm 花岗岩侧石 | 1 050×2 | m | 2 100.00 |
| 10 | 20×10 cm 花岗岩平石 | 1 050×2 | m | 2 100.00 |
| 11 | C15 砼基础及靠背 | (0.1×0.125+0.05×0.4)×1 050×2 | m³ | 68.25 |
| 12 | 整理路床 | 11.4×1 050 | m² | 11 970.00 |
| 13 | 模板 | 0.175×1 050×2 | m² | 367.50 |
| 二 | 清单工程量 | | | |
| 1 | 20 cm 12%灰土 | (11+11.4)/2×1 050 | m² | 11 760.00 |
| 2 | 20 cm 二灰碎石 | (10.4+10.8)/2×1 050 | m² | 11 130.00 |
| 3 | 透层油 | (10−0.2×2)×1 050 | m² | 10 080.00 |
| 4 | 6 cm 粗粒式沥青砼(Sup-25) | (10−0.2×2)×1 050 | m² | 10 080.00 |
| 5 | 粘层油 | (10−0.2×2)×1 050 | m² | 10 080.00 |
| 6 | 4 cm 细粒式沥青砼(Sup-13) | (10−0.2×2)×1 050 | m² | 10 080.00 |
| 7 | 花岗岩侧平石 | 1 050×2 | m | 2 100.00 |
| 8 | 整理路床 | 11.4×1 050 | m² | 11 970.00 |

表 3-15　分部分项工程量清单与计价表

| 序号 | 项目编码 | 项目名称 | 项目特征 | 计量单位 | 工程数量 |
|---|---|---|---|---|---|
| 1 | 040202001001 | 路床整形 | 车行道 | m² | 11 970.00 |
| 2 | 040202002001 | 石灰稳定土 | 1. 含灰量:12%<br>2. 厚度:20 cm | m² | 11 760.00 |
| 3 | 040202006001 | 石灰、粉煤灰、碎石 | 1. 配合比:6:12:82<br>2. 厚度:20 cm | m² | 11 130.00 |

| 序号 | 项目编码 | 项目名称 | 项目特征 | 计量单位 | 工程数量 |
|---|---|---|---|---|---|
| 4 | 0402030030001 | 粘层 | 材料品种:乳化沥青 | m² | 10 080.00 |
| 5 | 0402030030002 | 透层 | 材料品种:乳化沥青 | m² | 10 080.00 |
| 6 | 040203006001 | 沥青混凝土 | 1. 沥青品种:AH-70 石油沥青<br>2. 沥青混凝土种类:细粒式沥青砼(Sup-13)<br>3. 厚度:4 cm | m² | 10 080.00 |
| 7 | 040203006002 | 沥青混凝土 | 1. 沥青品种:AH-70 石油沥青<br>2. 沥青混凝土种类:粗粒式沥青砼(Sup-25)<br>3. 厚度:6 cm | m² | 10 080.00 |
| 8 | 040204004001 | 安砌侧平石 | 1. 材料品种:花岗岩<br>2. 混凝土强度等级:C15 | m | 2 100 |

 **案例四**

某道路工程桩号自 0+500 至 1+500 处,机动车道采用 C30 水泥砼路面,板面刻痕。路面结构见图 3-24。假设砼板按 4×5 米分块,每隔 250 m 设置一条沥青木板伸缝,其余横缝为缩缝,机械锯缝深 5 cm,采用沥青马蹄脂嵌缝;构造钢筋 18 T,钢筋网 2.4 T;砼为集中搅拌非泵送砼,砼运输费不计;草袋养生。试计算该项工程水泥砼路面部分的综合单价。(人、材、机价格及费率标准依据 2004 江苏省市政工程计价表,不调整。)

**图 3-24　路面结构断面示图**

**表 3-16　工程量计算表**

| 序号 | 子目名称 | 计算公式 | 单位 | 数量 |
|---|---|---|---|---|
| 1 | 水泥混凝土路面 | 1 000×24 | m² | 24 000 |
| 2 | 锯缝 | [(1 000/5)-1-3]×24 | m | 4 704 |
| 3 | 缩缝 | 4 704×0.05 | m² | 235.2 |
| 4 | 伸缝 | [(1 000/250)-1]×24×0.22 | m² | 15.84 |
| 5 | 路面刻痕 | 1 000×24 | m² | 24 000 |
| 6 | 钢筋构造筋 | | t | 18 |

续 表

| 序号 | 子目名称 | 计算公式 | 单位 | 数量 |
|---|---|---|---|---|
| 7 | 钢筋网 | | t | 2.4 |
| 8 | 草袋养生 | 1 000×24 | m² | 24 000 |
| 9 | 模板(措施费) | 1 000×(6+1)+3×24 | m² | 7 072 |

表 3-17 工程量清单综合单价分析表

| 项目编码 | 040203007001 | 项目名称 | 水泥混凝土面层 | 计量单位 | m² | 清单工程量 | 24 000 |
|---|---|---|---|---|---|---|---|
| 清单综合单价组成明细 | | | | | | | |
| 定额编号 | 名称 | | 单位 | 计价定额工程量 | 基价 | | 合价 |
| 2-328 换 | C30 水泥混凝土路面厚度 22 cm | | 100 m² | 240 | 8 353.89 | | 2 004 693.60 |
| 2-340 | 缩缝沥青玛蹄脂 | | 10 m² | 23.76 | 868.05 | | 20 624.87 |
| 2-341 | 锯缝机锯缝 | | 10 延长米 | 475.2 | 111.02 | | 52 756.70 |
| 2-332 | 伸缝沥青木板 | | 10 m² | 1.584 | 1 043.13 | | 1 652.32 |
| 2-344 | 路面刻痕 | | 100 m² | 240 | 789.74 | | 189 537.6 |
| 2-352 | 水泥混凝土路面钢筋构造筋 | | t | 18 | 5 311.76 | | 95 611.68 |
| 2-353 | 水泥混凝土路面钢筋钢筋网 | | t | 2.4 | 5 482.28 | | 13 157.47 |
| 2-346 | 水泥混凝土路面养生草袋养生 | | 100 m² | 240 | 198.31 | | 47 594.4 |
| 计价表合价汇总(元) | | | | | | | 2 425 628.64 |
| 清单项目综合单价(元) | | | | | | | 101.07 |

# 本章习题

1. 沥青混凝土路面施工时,什么情况下要铺洒沥青粘层油? 什么情况下要采用沥青透层油?

2. 水泥混凝土路面施工时,横向与纵向各有哪些构造缝? 构造钢筋布置有何不同?

3. 某道路人行道铺设选用彩色透水砖拼花,粘接层采用 3 cm 厚 M7.5 水泥砂浆,应如何套用定额?

4. 试着为本章案例二编制清单。

# 第四章 给水工程计价

## 第一节 给水工程基础知识

给水工程一般由给水水源、取水构筑物、输水管、给水处理厂和给水管网五个部分组成，分别起取集、输送原水、改善原水水质和输送合格用水到用户的作用。在一般地形条件下，这个系统中还包括必要的贮水和抽升设施。

本教材只讲解给水管网部分。

给水管网由管道、配件和附属设施组成。

### 一、常用管材

#### 1. 铸铁管

铸铁管是给水管网及输水管道中最常用的管材。它抗腐蚀性好、经久耐用、价格较管道低，缺点是质脆、不耐震动和弯折、工作压力较钢管低、管壁较钢管厚，且自重较大。给水铸铁管按材质分为灰口铸铁管和球墨铸铁管。在灰口铸铁管中碳全部（或大部）不是与铁呈化合物状态而是呈游离状态的片状石墨；球墨铸铁管中碳大部分呈球状，石墨存在于铸铁中，使之具有优良的机械性能，故又可称为可延性铸铁管。

（1）灰口铸铁管

给水管道中常用的一种管材，与钢管比较，其价格较低、制造方便、耐腐蚀性较好，但质脆、自重大。管径以公径直径表示，其规格为 DN75～ND1500，有效长度（单节）为 4、5、6 m，承受压力分为低压、普压、高压三种规格。铸铁管的接口基本可分为承插式和法兰接口，不同形式接口其安装方式又各不相同：

> 法兰连接是管道施工的重要连接方式。
>
> 法兰分螺纹连接（丝接）法兰和焊接法兰。低压小直径有丝接法兰，高压和低压大直径都是使用焊接法兰，不同压力的法兰盘的厚度和连接螺栓直径和数量是不同的。

（2）石棉水泥接口承插铸铁管安装工作内容：检查及清扫管材、切管、管道安装、调制接口材料、接口、养护。

图 4-1　灰口铸铁管

图 4-2　承插式刚性接口

（3）膨胀水泥接口，又称自应力水泥接口，其材料是自应力水泥与粒径为 0.5～2.5 mm，经过筛选和水洗的纯净中砂，重量配合比为水泥：砂：水＝1：1：（0.28～0.32）。自应力水泥属于膨胀水泥的一种。

膨胀水泥接口承插铸铁管安装工作内容：检查及清扫管材、切管、管道安装、调制接口材料、接口、养护。

（4）胶圈接口承插铸铁管安装工作内容：检查及清扫管材、切管、管道安装、上胶圈。

图 4-3　橡胶圈

图 4-4　球墨铸铁管

### 2. 球墨铸铁管

以镁或稀土镁合金球化剂在浇筑前加入铁水中，使石墨球化，同时加入一定量的渣铁或渣钙合金作孕育剂，以促进石墨球化。石墨呈球状时，对铸铁基本的破坏程度减轻，应力集中亦大大降低，因此它具有较高的强度与延伸率。

球墨铸铁管采取胶圈接口，其 T 形推入式接口工具配套、操作简便、快速，适用于 DN75～DN2000 的输水管道，在国内外输水工程中广泛采用。

胶圈接口工作内容：检查及清扫管材、切管、管道安装、上胶圈。

### 3. 钢管

钢管强度高，但是其造价比较高，一般应用在下穿铁路的给水管道工程上。

### 4. 塑料管道

塑料管按制作原料的不同，分为硬聚氯乙烯管（UPVC 管），聚丙烯管（PPR 管）、聚丁烯管（PE 管）和工程塑料管（ABS 管）等。塑料管的共同特点是质轻、耐腐蚀性好、管内壁光滑、流体摩擦阻力小、使用寿命长。

（1）硬聚氯乙烯管（UPVC 管）

按采用的生产设备及其配方工艺，UPVC 管分为给水用 UPVC 管和排水用 UPVC 管，给水用 UPVC 管的质量要求是用于制作 UPVC 管的树脂中,含有已被国际医学界普遍公认的对人体致癌物质聚乙烯单体不得超过 5 mg/kg;对生产工艺上所要求添加的重金属稳定剂等一些助剂,应符合《给水用硬聚氯乙烯(PVC－U)管材》(GB/T 100021—2006)的要求。管材的额定压力分三个等级 0.63 Mpa,1.0 Mpa 和 1.6 Mpa。给水用硬聚氯乙烯管常用规格为 D20～D315,常用承插粘接和承插橡胶圈接口。

图 4-5　UPVC 管　　　　　　　　图 4-6　PP-R 管

（2）聚丙烯管（PP-R 管）

PP-R 管是以石油炼制厂的丙烯气体为原料聚合而成的聚烃族热塑性管材。由于原料来源丰富,因此价格便宜。聚丙烯管是热塑性管材中材质最轻的一种管材,密度为 0.91～0.92 g/cm³,呈白色蜡状,比聚乙烯透明度高。强度、刚度和热稳定性也高于聚乙烯管。PP-R 管常用规格为 D20～D500,常采用热熔连接。

（3）聚丁烯管（PE 管）

PE 管重量很轻(相对密度为 0.925),该管具有独特的抗蠕变(冷变形)性能,故机械密封接头能保持紧密,抗拉强度在屈服极限以上时,能阻止变形,使之能反复绞缠而不折断。

聚丁烯管材在温度低于 80 ℃时,对皂类洗涤剂及很多酸类、碱类有良好的稳定性。室温时对醇类、醛类、酮类、醚类和脂类有良好的稳定性。但易受某些芳香烃类和氯化溶剂侵蚀,温度越高越显著。PE 管常用规格为 D20～D200,常采用热熔连接。

图 4-7　PE 管　　　　　　　　图 4-8　ABS 塑料管

（4）工程塑料管（ABS 管）

该管是丙烯腈-丁二烯-苯乙烯的共混物,属热塑料管材,表面光滑,管质轻,具有较高的耐冲击强度和表面硬度。ABS 管常用规格为 D20～D220,常采用承插粘接。

**UPVC管**：UPVC管是一种以聚氯乙烯（PVC）树脂为原料，不含增塑剂的塑料管材。随着化学工业技术的发展，现可以生产无毒级的管材，所以它具备一般聚氯乙烯的性能，又增加了一些优异性能，具体来说它具有耐腐蚀性和柔软性好的优点，因而特别适用于供水管网。

**PP-R管**：PP-R（polypropylene random）管，又称三型聚丙烯管、无规共聚聚丙烯管或PPR管，具有节能节材、环保、轻质高强、耐腐蚀、内壁光滑不结垢、施工和维修简便、使用寿命长等优点，广泛应用于建筑给排水、城乡给排水、城市燃气、电力和光缆护套、工业流体输送、农业灌溉等建筑业、市政、工业和农业领域。

**PE管**：PE是聚乙烯塑料，最基础的一种塑料，塑料袋、保鲜膜等都是PE，HDPE是一种结晶度高、非极性的热塑性树脂。原态HDPE的外表呈乳白色，在微薄截面呈一定程度的半透明状。PE具有优良的耐大多数生活和工业用化学品的特性。

**ABS管**：ABS塑料管是一种新型材料，公称压力0.6～1.6 Mpa，线膨胀系数0.9 mm/(m·℃)，连接方式为法兰、粘接，抗气体渗透性差。ABS塑料管流动摩擦力小，大大减小流体阻力和泵的马力，抗冲击性能好，有良好的机械强度和较高的冲击韧性，在遭受突然袭击时仅发生韧性变形。

## 二、常用法兰、螺栓及垫片

管道与阀门、管道与管道、管道与设备的连接，常采用法兰连接。采用法兰连接既有安装拆卸的灵活性，又有可靠的密封性。法兰连接是一种可拆卸的连接形式，它的应用范围很广。法兰连接包括上下法兰，垫片及螺栓螺母三部分。

### 1. 法兰

法兰按结构形式和压力不同可分为以下几种：

（1）平焊法兰：是中低压工艺管道最常用的一种。平焊法兰与管子固定时是将法兰套在管端，焊接法兰里口和外口，使法兰固定。平焊法兰适用于公称压力不超过2.5 Mpa。

图4-9　平焊法兰

图4-10　对焊法兰

（2）对焊法兰：又称高颈法兰。它的强度大，不易变形，密封性能较好。对焊法兰分为以下几种形式：

光滑式对焊法兰，其公称压力为2.5 Mpa以下，规格为DN10～DN800。

凹凸式密封面对焊法兰,由于凹凸密封严密性强,承受压力大,每副法兰的密封面,必须是一个凹面,另一凸面。常用公称压力范围为 4.0~16.0 Mpa,规格范围为 DN15~DN400 mm。

榫槽密封面对焊法兰,这种法兰密封性能好,结构形式类似凹凸式密封面法兰,同样是一副法兰必须配套使用。公称压力为 1.6~6.4 Mpa,常用规格范围为 DN15~DN400 mm。

梯形槽式密封面对焊法兰,这种法兰承受压力大,常用公称压力为 6.4、10.1、16.0 Mpa,常用规格 DN15~DN250 mm。

上述各种形式的密封对焊法兰,只是法兰密封面的形式不同,而法兰安装方法是一样的。

(3) 管口翻边活动法兰:管口翻边活动法兰多用于铜铝等有色金属及不锈钢管道上,其优点是可以节省贵重金属,同时由于法兰可以自由活动,法兰穿螺丝时非常方便,缺点是不能承受较大的压力。适用于 0.6 Mpa 以下的管道连接,规格范围为 DN10~DN500 mm。法兰材料为 Q235 号钢。

**图 4-11　翻边活动法兰**

(4) 焊环活动法兰:焊环活动法兰多用于管壁比较厚的不锈钢管及不易于翻边的有色金属管道的法兰连接。法兰的材料为 Q235、Q255 碳素钢,它的连接方法是将与管子材质相同的焊环直接焊在管端。利用焊环作密封面。其密封面有光滑式和榫槽式两种。

**图 4-12　焊环活动法兰**

（5）螺纹法兰：螺纹法兰是用螺纹与管端链接的法兰，有高压和低压两种。高压螺纹法兰，被广泛应用于现代工业管道的链接。密封面由管端与透镜垫圈形式，对螺纹和管端垫圈接触面的加工要求精度很高。高压螺纹的特点是法兰与管内介质不接触，安装也比较方便；低压螺纹法兰现已逐步被平焊法兰代替。

图 4-13 螺纹法兰

**平焊法兰**：平焊法兰是指与容器或管道采用角焊缝连接的一种法兰。属任意式法兰。设计时根据法兰环与直筒段连接的整体性程度，分别按整体式或松式法兰校核。法兰环有带颈和不带颈两种。与带颈对焊法兰相比，平焊法兰结构简单，用材省，但刚性及密封性不如带颈对焊法兰。平焊法兰广泛应用于中低压容器和管道的连接。

**对焊法兰**：对焊法兰是管件的一种，是指带颈的并有圆管过渡的并与管子对焊连接的法兰。对焊法兰不易变形，密封好，应用广泛，有相应的刚性与弹性要求和合理的对焊减薄过渡，焊口离接合面距离大，接合面免受焊接温度变形。

**管口翻边活动法兰**：翻边活动法兰也叫松套法兰、旋转配合法兰。一般与翻边管接头组合使用。管子与翻边管接头对焊链接，法兰套在翻边管接头外。

**焊环活动法兰**：焊环活动法兰多用于管壁比较厚的不锈钢管法兰的连接。

**螺纹法兰**：螺纹法兰是指采用螺纹与管道连接的一种法兰。设计时，可按松式法兰处理。优点是不需要焊接，法兰变形时对筒体或管道产生的附加力矩很小。缺点是法兰厚度大，造价较高。适用于高压管道的连接。

### 2. 垫片

法兰垫片是法兰连接起密封作用的材料。根据管道所输送介质的腐蚀性、温度、压力及法兰密封面的形式，垫片种类很多。

（1）橡胶石棉垫：橡胶石棉垫是法兰连接用量最多的垫片，能适用于很多介质，如蒸汽、煤气、空气、盐水、酸和碱等。

炼油工业常用的橡胶石棉垫有两种，一种是耐油橡胶石棉垫，适用于输送油品、液化气、丙烷和丙酮等介质。另一种是高温耐油橡胶石棉垫，使用温度可达 350~380 ℃。

图 4-14 橡胶石棉垫

图 4-15 橡胶垫

（2）橡胶垫：橡胶垫有一定的耐腐蚀性。这种垫片的特点是利用橡胶的弹性，达到较好的密封效果，常用于输送低压水、酸和碱等介质的管道法兰连接。

（3）缠绕式垫片：缠绕式垫片是用金属钢带和非金属填料带缠绕而成。这种垫片具有制造简单，价格低廉，材料能被充分利用，密封性能较好的优点，在石油化工工艺管道上被广泛利用。

图 4-16　金属缠绕式垫片

图 4-17　齿形垫

（4）齿形垫：齿形垫是利用同心圆的齿形密纹与法兰密封面相接触，构成多道密封，因此密封性能较好，常用于凹凸式密封面法兰的连接。齿形垫的材质有普通碳素钢、低合金钢和不锈钢等。

（5）金属垫片：金属垫片，按形式分为金属平垫片，椭圆形垫片、八角形垫片和透镜式垫片。按制造材质分为低碳钢、不锈钢、紫铜、铝和铅等。

图 4-18　金属垫片

图 4-19　塑料垫片

（6）塑料垫：塑料垫适用于输送各种腐蚀性较强管道的法兰连接。常用塑料垫片有聚氯烯垫片、聚四氟乙烯垫片和聚乙烯垫片等。

**3. 法兰用螺栓**

用于连接法兰的螺栓，有单头螺栓和双头螺栓两种，其螺纹一般都是三角形公制粗螺纹。

单头螺纹分为半精致和精致两种，常用的材质有 Q235、25♯钢铁和 25Cr2MoV 钢等。双头螺栓，多采用等长双头精致螺栓，制造材质有 35♯、40♯钢和 37SiMn2MnVT 等。螺母分为半精致和精致两种，按螺母形式分为 a 型和 b 型两种，半精致单头螺栓多采用 a 型螺母，精致双头螺栓多采用 b 型螺母。

图 4-20　单头螺栓

图 4-21　双头螺栓

## 三、常用控件

各种管道系统中,都有开启和关闭以及调节流量、压力参数的要求,这个要求是靠各种阀门来控制的,所以阀门是用于控制各种管道设备内流体(空气、燃气,水、蒸汽、油等)工况的一种机械装置。一般它是由阀门,阀瓣,阀盖,阀杆及手轮等部件组成。

阀门型号及表示方法

图 4-22　阀门型号及表示方法

### 1. 阀门型号及表示方法

阀门产品的型号一般由 7 个单元组成。

类型代号用汉语拼音字母表示。

驱动方式代号用阿拉伯数字表示。

连接形式代号用阿拉伯数字表示。

阀座密封或衬里材料用汉语拼音字母表示。

阀体材料代号用汉语拼音字母表示。

表 4-1　阀门类型代号

| 类型 | 代号 | 类型 | 代号 |
| --- | --- | --- | --- |
| 闸阀 | Z | 旋塞阀 | X |
| 截止阀 | J | 止回阀和底阀 | H |
| 节流阀 | L | 安全阀 | A |
| 球阀 | Q | 减压阀 | Y |
| 蝶阀 | D | 疏水阀 | S |
| 隔膜阀 | G |  |  |

表 4-2  阀门传动方式代号

| 类型 | 代号 | 类型 | 代号 |
|------|------|------|------|
| 电磁动 | 0 | 锥齿动 | 5 |
| 电磁波动 | 1 | 气动 | 6 |
| 电液动 | 2 | 液动 | 7 |
| 涡轮 | 3 | 气-液动 | 8 |
| 圆柱齿轮 | 4 | 电动 | 9 |

表 4-3  阀座密封面或衬里材料代号

| 连接形式 | 代号 | 连接形式 | 代号 |
|---------|------|---------|------|
| 内螺纹 | 1 | 对夹 | 7 |
| 外螺纹 | 2 | 卡箍 | 8 |
| 法兰 | 3 | 卡套 | 9 |
| 焊接 | 4 |  |  |

表 4-4  阀体材料代号

| 阀座密封或衬里材料 | 代号 | 阀座密封或衬里材料 | 代号 |
|-----------------|------|-----------------|------|
| 铜合金 | T | 渗氮钢 | D |
| 橡胶 | X | 硬质合金 | Y |
| 尼龙塑料 | N | 衬胶 | J |
| 氟塑料 | F | 衬 | Q |
| 锡基轴承合金(巴士合金) | B | 搪瓷 | C |
| 合金钢 | H | 渗硼钢 | P |

表 4-5  阀门连接形式代号

| 阀体材料 | 代号 | 阀体材料 | 代号 |
|---------|------|---------|------|
| HT250 | Z | Cr5Mo | I |
| KTH300-06 | K | 1Cr18Ni9Ti | P |
| QT400-15 | Q | Cr18Ni12Mo2Ti | R |
| H62 | T | 12Cr1MoV | V |
| ZG230-450 | C |  |  |

## 2. 常用阀门简介

(1)截止阀:截止阀主要用于热水供应及高压蒸汽管路中,它结构简单,严密性较高,制造和维修方便,阻力比较大。

流体经过截止阀时要转弯改变流向,因此水阻力较大,所以安装时要注意流体"低进高出",方向不能装反。

选用特点:结构比闸阀简单,制造、维修方便,也可以调节流量,应用广泛。但流动阻力大,为防止堵塞和磨损,不适宜于带颗粒和黏性较大的介质。

图 4-23　截止阀

图 4-24　闸阀

(2) 闸阀:又称闸门或闸板阀,它是利用闸板升降控制开闭的阀门,流体通过阀门时流向不变,因此阻力小。它广泛应用于冷、热水管道系统中。

闸阀和截止阀相比,在开启和关闭时闸阀省力,水阻较小,阀体比较短,当闸阀完全开启时,其阀板不受流动介质的冲刷磨损。但是闸阀的缺点是严密性较差,尤其启闭频繁时,由于闸板与阀座之间密封面受磨损;不完全开启时,水阻仍然较大。因此闸阀一般只作为截断装置,用于完全开启或完全关闭的管路中,不宜用于需要调节开度大小和启闭频繁的管路上。闸阀无安装方向,但不宜单侧受压,否则不易开启。

选用特点:密封性好,流体阻力小,开启、关闭力较小,也有一定调节流量的性能,并且能从阀杆的升降高低看出阀的开度大小,主要适合一些大口径管道上。

(3) 止回阀:又名单流阀或逆止阀,它是一种根据阀瓣前后压力差而自动启闭的阀门。它有严格的方向性,只许介质向一个方向流通,而阻止其逆向流动。用于不让介质倒流的管路上,如用于水泵出口的管路上作为水泵停泵时的保护装置。

根据结构不同止回阀可分为升降式和旋启式。升降式的阀体与截止阀的阀体相同。升降式止回阀只能用在水平管道上,垂直管道应用旋起式止回阀,安装时应注意介质的流向,它在水平或垂直管路上均可应用。

选用特点:一般适用于清洁介质,不适用于带固体颗粒和黏性较大的介质。

图 4-25　止回阀

图 4-26　安全阀

（4）安全阀：是一种安全装置，当管路系统或设备（如锅炉、冷凝器）中介质的压力超过规定数值时，便自动开启阀门排汽降压，以免发生爆破危险。当介质的压力恢复正常后，安全阀又自动关闭。

安全阀一般分为弹簧式和杠杆式两种。弹簧式安全阀是利用弹簧的压力来平衡介质的压力，阀瓣被弹簧紧压在阀座上，平常阀瓣处于关闭状态。转动弹簧上面的螺母，即改变弹簧的压紧程度，便能调整安全阀的工作压力，一般要先用压力表参照定压。

杠杆式安全阀，或称重锤式安全阀，它是利用杠杆将重锤所产生的力矩紧压在阀瓣上。保持阀门关闭，当压力超过额定数值，杠杆重锤失去平衡，阀瓣就打开。所以改变重锤在杠杆上的位置，就改变了安全阀的工作压力。

选用安全阀的主要参数是排泄量，排泄量是决定安全阀的阀座口径和阀瓣开启高度。由操作压力决定安全阀的公称压力，由操作温度决定安全阀的使用温度范围，由计算出的安全阀定压值决定弹簧或杠杆的调压范围，再根据操作介质决定安全阀的材质和结构型式。

图4-27 减压阀

（5）减压阀：用于管路中降低介质压力。常用的减压阀有活塞式、波纹管式及薄膜式等几种。各种减压阀的原理是介质通过阀瓣通道小孔时阻力大，经节流造成压力损耗从而达到减压目的。减压阀的进、出口一般要伴装截止阀。

选用特点：减压阀只适用于蒸汽、空气和清洁水等清净介质。在选用减压阀时要注意，不能超过减压阀的减压范围，保证在合理情况下使用。

### 3. 室外消火栓

室外消火栓是发生火警时的取水龙头，按安装形式可分为**地上式**和**地下式**两种。

| 地上式消火栓示意图 | 室外地上消火栓实物图 |

图4-28 地上式消火栓

| 地下式消火栓示意图 | 室外地下消火栓实物图 |

**图 4 - 29　地下式消火栓**

地上式消火栓装于地面上,目标明显,易于寻找,但较易损坏,且妨碍交通。地上式一般适用于气温较高的地区。地下式消火栓适用于气温较低的地区,装于地下消火栓井内,使用不如地上式方便,消防人员应熟悉消火栓设置位置。

消防规范规定,接室外消火栓的管径不得小于 100 mm,相邻两消火栓的间距不应大于120 m。距离建筑物外墙不得小于 5 m,距离车行道边不大于 2 m。

## 四、给水管道工程施工

### 1. 挖管沟

管沟开挖的方式,主要分**人工开挖**和**机械开挖**两种。人工挖管沟时,应认真控制管沟底的标高和宽度,并注意不使沟底的原土遭受扰动或破坏;机械挖管沟,应确保沟底原土结构不被扰动或破坏,同时由于机械不可能准确地将沟底按规定标高平整,因此,在达到设计管沟标高以上 20 厘米左右时,由人工清挖。挖管沟的土方,可根据施工环境、条件堆放在管沟的两侧或一侧。堆土需放在距管沟沟边 0.8～1 米以外。根据施工规范要求,管径开挖深度一、二类土深度大于等于 1 米,三类土深度大于等于 1.5 米,四类土深度大于等于 2 米时,应考虑放坡。若在路面施工时,考虑到放坡造成破坏原有路面(混凝土路面或沥青路面)相对较大,补偿及修复费用也较大且影响正常交通,因此,在马路面开挖管沟时,宜用挡板支撑,尽量少用放坡形式。

### 2. 管沟支撑

管沟支撑可分为密撑和疏撑两种。密撑即满铺挡板,疏撑即间隔铺挡板。用于支撑的材料有木材、钢板桩等。选用的木材作支撑应符合下列要求:撑板的厚度一般为 5 厘米,方木截面一般为 15 厘米×15 厘米,如因下管需要,横方木的支撑点间距大于 2.5 米时,其方木截面应加大。圆撑木的小头直径,一般采用 10 ～15 厘米。劈裂腐朽的木料不得作为支撑材料。

### 3. 管道基础

铸铁管及钢管在一般情况下可不做基础,将天然地基整平,管道铺设在未经扰动的原土上;如在地基较差或在含岩石地区埋管时,可采用砂基础或混凝土基础。砂基础厚度不小于150~200毫米,并应夯实。采用混凝土基础时,一般可用垫块法施工,管子下到沟槽后用混凝土垫块垫起,待符合设计标高进行接口,接口完毕经水压试验合格后再浇注整段混凝土基础。若为柔性接口,每隔一段距离应留出600~800毫米范围不浇混凝土而填砂,使柔性接口可以自由伸缩。

**4. 管道安装**

下管前应对管沟进行检查,检查管沟底是否有杂物,管基原土是否被扰动并进行处理,管沟底标高及宽度是否符合标准,检查管沟两边土方是否有裂缝及坍塌的危险。另外,下管前应对管材、管件及配件等的规格、质量进行检查,合格者方可使用;吊装及运输时,对法兰盘面、预应力钢筋混凝土管承插口密封工作面及金属管的绝缘防腐层等均应采取必要的保护措施,避免损伤。采用吊机下管时,应事先与起重人员或吊车司机一起踏勘现场,根据管沟深度、土质、附近的建筑物、架空电线及设施等情况,确定吊车距沟边距离、进出路线及有关事宜。绑扎套管应找准重心,使起吊平稳,起吊速度均匀,回转应平稳,下管应低速轻放。人工下管是采用压绳下管的方法,下管的大绳应紧固,不断股,不腐烂。

给水管道铺设质量必须符合下列要求:接口严密紧固,经水压试验合格;平面位置和纵断面高程准确;地基和管件、阀门等的支墩紧固稳定;保持管内清洁,经冲洗消毒,化验水质合格。

**铸铁管的承口和插口的对口间隙**,最大不得超过规范规定。**接口环形间隙**应均匀,**允许偏差**不得超过规范规定。

表 4-6　承口和插口对口最大间隙

| 管径(mm) | 沿直线铺设时(mm) | 沿曲线铺设时(mm) |
|---|---|---|
| 75 | 4 | 5 |
| 100~250 | 5 | 7 |
| 300~500 | 6 | 10 |
| 600~700 | 7 | 12 |
| 800~900 | 8 | 15 |
| 1 000~1 200 | 9 | 17 |

表 4-7　接口环形间隙允许偏差

| 管件(mm) | 标准环形间隙(mm) | 允许偏差(mm) |
|---|---|---|
| 75~200 | 10 | +3 −2 |
| 250~400 | 11 | +3 −2 |
| 500~900 | 12 | +4 −2 |
| 1 000~1 200 | 13 | +4 −2 |

钢管安装,除阀件或有特殊要求用法兰或丝扣连接外,均采用焊接。钢管安装前应进行检查,不符合质量标准的,管道对口前必须进行修口,使管道端面、坡口、角后、钝边、圆度等均符合对口接头尺寸的要求。管道端面应与管中心线垂直,允许偏差不得大于1毫米。安装管道上的阀门或带有法兰的附件时,应防止产生拉应力。邻近法兰一侧或两侧接口,应在法兰上所有螺栓拧紧后方准焊接。电焊壁厚大于等于4毫米和气焊壁厚大于等于3毫米的管道,其端头应切坡口。两根管子对口的管壁厚度相差,不得超过3毫米。对口时,两管纵向焊缝应错开,错开的环向距离不得小于1 000毫米。

阀门安装前,应按设计要求检查型号,清除阀内污物,检查阀杆是否灵活,明确开关转动的方向,以及阀体、零件等有无裂纹砂眼等,检查法兰两面的平面是否平整,阀门安装的位置及阀杆方向,应便于检修和操作,如设计上无规定时,在水平管道上阀门的阀杆应垂直向上,阀门安装必须要安放在支承座上,支承座可用杉桩或水泥支墩。

### 5. 钢管内外防腐

金属管道表面涂油漆前,应将铁锈、铁屑、油污、灰尘等物清理干净,露出金属光泽,除锈工作完成后,应及时涂第一层底油漆;刷油漆时、金属表面应干燥清洁,第一层油漆应与金属表面接触良好,第一层油漆干燥后,再刷第二层。涂刷的油漆应厚度均匀、光亮一致,不得脱皮、起褶、起泡、漏涂等。**防腐层的分类和结构**,应根据土质腐蚀性不同来确定。

表4-8 防腐层分类和结构

| 防腐层次 | 防腐层种类 | | 特强防腐层 |
| --- | --- | --- | --- |
| | 正常防腐层 | 加强防腐层 | |
| 1 | 涂底子层 | 涂底子层 | 冷底子层 |
| 2 | 沥青涂层 | 沥青涂层 | 沥青涂层 |
| 3 | 外包保护层 | 加强包扎层(封闭层) | 加强包扎层(封闭层) |
| 4 | | 沥青涂层 | 沥青涂层 |
| 5 | | 沥青涂层 | 加强包扎层(封闭层) |
| 6 | | | 沥青涂层 |
| 7 | | | 外包保护层 |

钢板卷管内防腐,多采用水泥砂浆内喷涂,所采用的水泥标号为32.5级或42.5级,所用的砂颗粒要坚硬、洁净,级配良好,水泥砂浆抗压强度不得低于30 MPa,管段里水泥砂浆防腐层达到终凝后,必须立即进行浇水养护或在管段内筑水养护,保持管内湿润状态7天以上。

### 6. 阀门井、水表井砌筑

阀门井、水表井的作用是便于阀门管理人员从地面上进行操作,井内净空尺寸要便于检修人员对阀杆密封填料的更换,并且能在不破坏井壁结构情况下(有时需要揭开面板)更换阀杆、阀杆螺母、阀杆螺栓。施工时必须注意以下几点:

阀杆在井盖圈内的位置,能满足地面上开关阀门的需要;装设开关箭头,以便阀门管理人员明确开关方向;阀井内净空尺寸应符合设计要求;阀井底板(及其垫层)面板的厚度、混凝土的标号、钢筋布置以及井身砌筑材料与施工图一致。

水表井是保护水表的设施,起方便抄表与水表维修的作用,其砌筑大致与阀门井要求相同。

井室的形式可根据附件的类型、尺寸确定,可参照给排水标准图集 S1 选用。见图 4-30、图 4-31。

图 4-30  地上操作收口阀门井          图 4-31  井下操作立式阀门井

### 7. 管道支墩、挡墩

在给水管道中,特别在三通、弯管、虹吸管或倒虹管等部位,为避免在供水运行以及水压试验时,所产生的外推力造成承插口松脱,需要设置支墩、挡墩。支墩、挡墩常用形式有以下几种:

**水平支墩**,它是为克服管道承插口来自水平推力而设置,它包括各种曲率弯管支墩、管道分处三叉支墩、管道末端的塞头支墩。

**垂直弯管支管支墩**,包括向上弯管支墩和向下弯管支墩两种,它们是分别克服水流通过向上弯管和向下弯管时,所产生的外推力。

**空间两向扭曲支墩**,它是克服管道在同一地点既作水平转向,又作垂直转向所产生的外推力。

支墩形式、构造、尺寸可参照给排水标准图集 S1 选用。图 4-32 为水平弯管支墩图。

平面图                    I-I 剖面

图 4-32  水平弯管支墩

### 8. 管沟回填

管道安装完成后,管沟应立即进行回填土方工作。管沟回填,必须确保构筑物的安全,管道及井室等不移位、不被破坏,接口及防腐绝缘层不受破坏。管沟回填可视情况或根据设计要求回填原土、回填中砂。管沟回填土应按施工图设计或有关规定,达到密实度的要求。

### 9. 管道水压试验

水压试验的管段长度不超过 1 000 米,如因特殊情况超过 1 000 米时,应与设计单位、管理单位共同研究确定。水压试验分强度试验和严密性试验两种。无论采用哪种试验方法,在水压试验前,均应把管道内的气排清,将管道灌满水并浸泡一段时间;支墩、挡墩要达到设计强度;回填土应达到设计规定密实度要求后方能试压。

### 10. 管道冲洗、消毒

管道消毒的目的是为了杀灭新敷设管道内的各种细菌,使其供水后不致污染水质。消毒一般采用高浓度的氯化水浸泡 2 小时以上(一般漂白粉溶液),这种水的游离氯浓度 20～40 毫克每升之间。

管道消毒之后,即可进行冲洗。冲洗水的流速最好不低于 0.7 米每秒,否则不易把管内杂物冲掉,或造成冲洗水量过多。对于主要输水于管的冲洗,由于冲洗水量大,管网降压严重,应事先认真拟定冲洗方案,并调整官网压力,如有必要,事先还应通知主要用户。在冲洗过程中,严格监视水压变化情况。冲洗前应对排水口状况仔细检查,下水道或河流能否排泄正常冲洗的水量,冲洗水流是否会影响河堤、桥梁、船只等的安全,在冲洗过程中应设专人进行安全监护。

### 11. 新旧管连接

新敷设的输配水管道,除冲洗管在消毒冲洗前进行接验外,其余的原有输配水管,均应在新敷设的管道完成消毒后报请管理单位同意后才能进行。接通旧管道,应做好以下准备工作:

挖好工作坑,并根据需要做好支撑及护栏,以保证安全;在放出旧管中的存水时,应根据排水量,准备足够的抽水机具,清理排水路线,以保证水利排水;检查关键阀门、接口材料、吊装机具、工具、用具等,要做到品种、规格、数量均符合需要。如夜间进行新旧管连接是一项紧张而有秩序的工作,因此分工必须明确,统一指挥,并与官网管理单位派至现场的人员密切配合,在规定的时间内完成接驳工作。

### 12. 施工排水

市政给水管道施工排水,贯穿施工整个过程,包括:地下水、地表水(如管道穿越河床、渠沟时的水流、穿越河塘的积水)、雨水及各种管道的来水(如跨越地下原敷设的上下水管,因施工需要断截排水,排污管时而流出来的下水或消污水、断截给水管时而流放出来的自来水)等,施工排水主要的方法有抽排,引流,围截等。

## 第二节　给水工程清单编制

给水工程清单编制及清单报价依据有:《建设工程工程量清单计价规范》(GB 50500—2013)、《市政工程工程量计算规范》(GB 50857—2013)

## 一、给水管道

### 1. 开槽施工的给水管道铺设

开槽施工的给水管道铺设清单项目通常有:混凝土管、塑料管、钢管、铸铁管。

给排水管道
清单编制(一)

开槽施工的给水管道铺设工程量清单项目编码、项目特征描述的内容、计量单位及工程量计算规则等按照表4-9(规范表 E.1-1)规定执行。

表 4-9　开槽管道铺设(编码:040501)

| 项目编号 | 项目名称 | 项目特征 | 计量单位 | 工程量计算规则 | 工程内容 |
|---|---|---|---|---|---|
| 040501001 | 混凝土管 | 1. 垫层、基础材质及厚度<br>2. 管座材质<br>3. 规格<br>4. 接口形式<br>5. 铺设深度<br>6. 混凝土强度等级<br>7. 管道检验及试验要求 | m | 按设计图示中心线长度以延长米计算,不扣除附属构筑物、管件及阀门等所占长度 | 1. 垫层、基础铺筑及养护<br>2. 模板制作、安装、拆除<br>3. 砼拌和、运输、浇筑、养护<br>4. 预制管枕安装<br>5. 管道铺设<br>6. 管道接口<br>7. 管道检验及试验 |
| 040501002 | 钢管 | 1. 垫层、基础材质及厚度<br>2. 材质及规格<br>3. 接口形式<br>4. 铺设深度<br>5. 管道检验及试验要求<br>6. 集中防腐运距 | | | 1. 垫层、基础铺筑及养护<br>2. 模板制作、安装、拆除<br>3. 砼拌和、运输、浇筑、养护<br>4. 管道铺设<br>5. 管道检验及试验<br>6. 集中防腐运距 |
| 040501003 | 铸铁管 | | | | |
| 040501004 | 塑料管 | 1. 垫层、基础材质及厚度<br>2. 材质及规格<br>3. 接口形式<br>4. 铺设深度<br>5. 管道检验及试验要求 | | | 1. 垫层、基础铺筑及养护<br>2. 模板制作、安装、拆除<br>3. 砼拌和、运输、浇筑、养护<br>4. 管道铺设<br>5. 管道检验及试验 |
| 040501006 | 管道架空跨越 | 1. 管道架设高度<br>2. 管道材质及规格<br>3. 接口方式<br>4. 管道检验及试验要求<br>5. 集中防腐运距 | m | 按设计图示中心线长度以延长米计算,不扣除管件及阀门等所占长度 | 1. 管道铺设<br>2. 管道检验及试验<br>3. 集中防腐运距 |

续 表

| 项目编号 | 项目名称 | 项目特征 | 计量单位 | 工程量计算规则 | 工程内容 |
|---|---|---|---|---|---|
| 040501007 | 隧道(沟、管)内管道 | 1. 基础材质及厚度<br>2. 混凝土强度等级<br>3. 材质及规格<br>4. 接口形式<br>5. 管道检验及试验要求<br>6. 集中防腐运距 | m | 按设计图示中心线长度以延长米计算,不扣除附属构筑物、管件及阀门等所占长度 | 1. 基础铺筑及养护<br>2. 模板制作、安装、拆除<br>3. 砼拌和、运输、浇筑、养护<br>4. 管道铺设<br>5. 管道检验及试验<br>6. 集中防腐运距 |

注:管道铺设项目中的做法如为标准设计,也可在项目特征中标注标准图集号。

开槽施工的给水管道铺设清单项目设置、项目特征描述的内容、计量单位及工程量计算规则、可能包括的工作内容等。

(1)给水管道铺设清单工程量计算时,按设计图示中心线长度以延长米计算,不扣除附属构筑物、管件及阀门等所占的长度。

(2)管道铺设的做法如为标准设计,也可在项目特征中标注标准图集号。

**2. 不开槽施工的给水管道铺设**

不开槽施工的给水管道铺设清单项目通常有:水平导向钻进、顶管以及顶管工作坑。

不开槽施工的给水管道铺设工程量清单项目编码、项目特征描述的内容、计量单位及工程量计算规则等按照表4-10(规范表 E.1-2)规定执行。

给排水管道清单编制(二)

表4-10 不开槽管道铺设(编码:040501)

| 项目编号 | 项目名称 | 项目特征 | 计量单位 | 工程量计算规则 | 工程内容 |
|---|---|---|---|---|---|
| 040501008 | 水平导向钻进 | 1. 土壤类别<br>2. 材质及规格<br>3. 一次成孔长度<br>4. 接口形式<br>5. 泥浆要求<br>6. 管道检验及试验要求<br>7. 集中防腐运距 | m | 按设计图示长度以延长米计算,扣除附属构筑物(检查井)所占的长度 | 1. 设备安装、拆除<br>2. 定位、成孔<br>3. 管道接口<br>4. 拉管<br>5. 纠偏、监测<br>6. 泥浆制作、注浆<br>7. 管道检测及试验<br>8. 集中防腐运距<br>9. 泥浆、土方外运 |
| 040501009 | 夯管 | 1. 土壤类别<br>2. 材质及规格<br>3. 一次夯管长度<br>4. 接口形式<br>5. 管道检验及试验要求<br>6. 集中防腐运距 | | | 1. 设备安装、拆除<br>2. 定位、夯管<br>3. 管道接口<br>4. 纠偏、监测<br>5. 管道检测及试验<br>6. 集中防腐运距<br>7. 土方外运 |

| 项目编号 | 项目名称 | 项目特征 | 计量单位 | 工程量计算规则 | 工程内容 |
|---|---|---|---|---|---|
| 040501010 | 顶管工作坑 | 1. 土壤类别<br>2. 工作坑平面尺寸及深度<br>3. 支撑、围护方式<br>4. 垫层、基础材质及厚度<br>5. 砼强度等级<br>6. 设备、工作台主要技术要求 | 座 | 按设计图示数量计算 | 1. 支撑、围护<br>2. 模板制作、安装、拆除<br>3. 砼拌和、运输、浇筑、养护<br>4. 工作坑内设备、工作台安装及拆除 |
| 040501011 | 预制砼工作坑 | 1. 土壤类别<br>2. 工作坑平面尺寸及深度<br>3. 垫层、基础材质及厚度<br>4. 砼强度等级<br>5. 设备、工作台主要技术要求<br>6. 砼构件运距 | | | 1. 砼工作坑制作<br>2. 下沉、定位<br>3. 模板制作、安装、拆除<br>4. 砼拌和、运输、浇筑、养护<br>5. 工作坑内设备、工作台安装及拆除<br>6. 砼构件运输 |
| 040501012 | 顶管 | 1. 土壤类别<br>2. 顶管工作方式<br>3. 管道材质及规格<br>4. 中继间规格<br>5. 工具管材质及规格<br>6. 触变泥浆要求<br>7. 管道检验及试验要求<br>8. 集中防腐运距 | m | 按设计图示长度以延长米计算。扣除附属构筑物(检查井)所占的长度 | 1. 管道顶进<br>2. 管道接口<br>3. 中继间、工具管及附属设备安装拆除<br>4. 管内挖、运土及土方提升<br>5. 机械顶管设备调向<br>6. 纠偏、监测<br>7. 触变泥浆制作、注浆<br>8. 洞口止水<br>9. 管道检测及试验<br>10. 集中防腐运输<br>11. 泥浆、土方外运 |

注:不开槽施工的排水管道铺设及工作坑的清单项目设置、项目特征描述的内容、计量单位及工程量计算规则、可能包括的工作内容等。

## 二、管件、阀门及附件安装

管件、阀门及附件安装的清单项目有:各种材质管件、阀门、法兰、盲板、套管、消火栓等。工程量清单项目设置、项目特征描述的内容、计量单位及工程量计算规则,应按表4-11(规范表E.2)的规定执行。

表 4－11　管件、阀门及附件安装(编码:040502)

| 项目编码 | 项目名称 | 项目特征 | 计量单位 | 工程量计算规则 | 工作内容 |
|---|---|---|---|---|---|
| 040502001 | 铸铁管管件 | 1. 种类<br>2. 材质及规格<br>3. 接口形式 | 个 | 按设计图示数量计算 | 安装 |
| 040502002 | 钢管管件制作、安装 | | | | 制作、安装 |
| 040502003 | 塑料管管件 | 1. 种类<br>2. 材质及规格<br>3. 连接形式 | | | 安装 |
| 040502004 | 转换件 | 1. 材质及规格<br>2. 接口形式 | | | |
| 040502005 | 阀门 | 1. 种类<br>2. 材质及规格<br>3. 连接形式<br>4. 试验要求 | | | |
| 040502006 | 法兰 | 1. 材质、规格、结构形式<br>2. 连接形式<br>3. 焊接方式<br>4. 垫片材质 | | | |
| 040502007 | 盲堵板制作、安装 | 1. 材质及规格<br>2. 连接形式 | | | 制作、安装 |
| 040502008 | 套管制作、安装 | 1. 形式、材质及规格<br>2. 管内填料材质 | | | |
| 040502009 | 水表 | 1. 规格<br>2. 安装方式 | | | 安装 |
| 040502010 | 消火栓 | 1. 规格<br>2. 安装部位、方式 | | | |
| 040502011 | 补偿器(波纹管) | 1. 规格<br>2. 安装方式 | | | |
| 040502012 | 除污器组成、安装 | 1. 规格<br>2. 安装方式 | 套 | | 组成、安装 |
| 040502013 | 凝水缸 | 1. 材料品种<br>2. 型号及规格<br>3. 连接方式 | 组 | 按设计图示数量计算 | 1. 制作<br>2. 安装 |
| 040502014 | 调压器 | 1. 规格<br>2. 型号<br>3. 连接方式 | | | 安装 |
| 040502015 | 过滤器 | | | | |
| 040502016 | 分离器 | | | | |
| 040502017 | 安全水封 | 规格 | | | |
| 040502018 | 检漏(水)管 | | | | |

注:040502013项目的凝水井应按 E.4 管道附属构筑物相关清单项目编码列项。
　　管件、阀门及附件安装清单项目的清单项目设置、项目特征描述的内容、计量单位及工程量计算规则、可能包括的工作内容等。

### 三、支架制作及安装

支架制作及安装的清单项目有:砌筑支墩、混凝土支墩、金属支架、金属吊架等。工程量清单项目设置、项目特征描述的内容、计量单位及工程量计算规则,应按表 4-12(规范表 E.3)的规定执行。

表 4-12  支架制作及安装(编码:040503)

| 项目编码 | 项目名称 | 项目特征 | 计量单位 | 工程量计算规则 | 工作内容 |
|---|---|---|---|---|---|
| 040503001 | 砌筑支墩 | 1. 垫层材质、厚度<br>2. 混凝土强度等级<br>3. 砌筑材料、规格、强度等级<br>4. 砂浆强度等级、配合比 | m³ | 按设计图示尺寸以体积计算 | 1. 模板制作、安装、拆除<br>2. 混凝土拌和、运输、浇筑、养护<br>3. 砌筑<br>4. 勾缝、抹面 |
| 040503002 | 混凝土支墩 | 1. 垫层材质、厚度<br>2. 混凝土强度等级<br>3. 预制混凝土构件运距 | | | 1. 模板制作、安装、拆除<br>2. 混凝土拌和、运输、浇筑、养护<br>3. 预制混凝土支墩安装<br>4. 混凝土构件运输 |
| 040503003 | 金属支架制作、安装 | 1. 垫层、基础材质及厚度<br>2. 混凝土强度等级<br>3. 支架材质<br>4. 支架形式<br>5. 预埋件材质及规格 | t | 按设计图示质量计算 | 1. 模板制作、安装、拆除<br>2. 混凝土拌和、运输、浇筑、养护<br>3. 支架制作、安装 |
| 040503004 | 金属吊架制作、安装 | 1. 吊架形式<br>2. 吊架材质<br>3. 预埋件材质及规格 | | | 制作、安装 |

注:支架制作及安装清单项目的清单项目设置、项目特征描述的内容、计量单位及工程量计算规则、可能包括的工作内容等。

### 四、给水管道附属构筑物

给水管道附属构筑物清单项目通常有:砌筑井、塑料检查井、混凝土井。

给水管道附属构筑物工程量清单项目编码、项目特征描述的内容、计量单位及工程量计算规则等按照表 4-13(规范表 E.4)规定执行。

表 4-13 排水管道附属构筑物(编码 040504)

| 项目编号 | 项目名称 | 项目特征 | 计量单位 | 工程量计算规则 | 工程内容 |
|---|---|---|---|---|---|
| 040504001 | 砌筑井 | 1. 垫层、基础材质及厚度<br>2. 砌筑材料品种、规格、强度等级<br>3. 勾缝、抹面要求<br>4. 砂浆强度等级、配合比<br>5. 砼强度等级<br>6. 盖板材质、规格<br>7. 井盖、井圈材质及规格<br>8. 踏步材质、规格<br>9. 防渗、防水要求 | 座 | 按设计图示数量计算 | 1. 垫层铺筑<br>2. 模板制作、安装、拆除<br>3. 砼拌和、运输、浇筑、养护<br>4. 砌筑、勾缝、抹面<br>5. 井圈、井盖安装<br>6. 盖板安装<br>7. 踏步安装<br>8. 防水、止水 |
| 040504002 | 混凝土井 | 1. 垫层、基础材质及厚度<br>2. 砼强度等级<br>3. 盖板材质、规格<br>4. 井盖、井圈材质及规格<br>5. 踏步材质、规格<br>6. 防渗、防水要求 | | | 1. 垫层铺筑<br>2. 模板制作、安装、拆除<br>3. 砼拌和、运输、浇筑、养护<br>4. 井圈、井盖安装<br>5. 盖板安装<br>6. 踏步安装<br>7. 防水 |
| 040504003 | 塑料检查井 | 1. 垫层、基础材质及厚度<br>2. 检查井材质、规格<br>3. 井筒、井盖、井圈材质及规格 | | | 1. 垫层铺筑<br>2. 模板制作、安装、拆除<br>3. 砼拌和、运输、浇筑、养护<br>4. 检查井安装<br>5. 井筒、井圈、井盖安装 |

注:管道附属构筑物为标准定型附属构筑物时,在项目特征中应标注标准图集编号及页码。
　　给水管道附属构筑物清单项目设置、项目特征描述的内容、计量单位及工程量计算规则、可能包括的工作内容等。

给水管道附属构筑物为标准定型附属构筑物时,如定型井,在项目特征中应标注标准图集编号及页码。

# 第三节　给水工程清单计价

## 一、工程量计算

### 1. 管道安装

(1) 管道安装均按施工图中心线的长度计算(支管长度从主管中心开始计算到支管末端交接处的中心),管件、阀门所占长度已在管道施工损耗中综合考虑,计算工程量时均不扣除其所占长度。

(2) 管道安装均不包括管件(指三通、弯头、异径管)、阀门的安装。管件安装执行本册有关定额。

（3）遇有新旧管连接时，管道安装工程量计算到碰头的阀门处，但阀门及与阀门相连的承（插）盘短管、法兰盘的安装均包括在新旧管连接定额内，不再另计。

## 2. 管道防腐

管道防腐按施工图中心线长度计算，计算工程量时不扣除管件、阀门所占的长度，但管件、阀门的防腐也不另行计算。

**例 4-1** 无缝钢管 $\phi 325 * 9$ 共 50 米，采用 IPN8710 防腐涂料进行管道内外防腐，试计算防腐工程。

**解** IPN8710 防腐涂料管道外防腐工程量 $= \pi \cdot \varphi \cdot L = 3.14 \times 0.325 \times 50 = 51.03 \ \text{m}^2$。

IPN8710 防腐涂料管道内防腐工程量 $= \pi(\varphi - 2\delta)L = 3.14 \times (0.325 - 2 \times 0.009) \times 50 = 48.20 \ \text{m}^2$。

## 3. 管件安装

管件、分水栓、马鞍卡子、二合三通、水表的安装按施工图数量以"个"或"组"为单位计算。

## 4. 管道附属构筑物

（1）各种井均按施工图数量，以"座"为单位。

（2）管道支墩按施工图以实体积计算，不扣除钢筋、铁件所占的体积。

## 5. 取水工程

大口井内套管、辐射井管安装按设计图中心线长度计算。

## 6. 管道穿越工程及其他

（1）穿越管段拖管过河的宽度，应根据设计或施工组织设计确定的穿越管段长度计算。

（2）穿越管段的拖管重量，指管段总重量，包括管段本身重量及保护层重量。

# 二、预算定额的应用

《江苏省市政工程计价定额》（2014 版）《第五册 给水工程》，包括管道安装、管道内外防腐、管件安装、管道附属构筑物和取水工程，共 6 章 607 子目。

本册定额使用范围：本定额使用于城镇范围内的新建、扩建市政给水工程。

本册定额与《江苏省安装工程计价定额》的界限划分：建筑小区及厂区，以区内建筑物入口变径或闸门处为界。

本册定额与其他相关册的关系：

给水管道沟槽和给水构筑物的土石方工程、打拔工具桩、围堰工程、支撑工程、脚手架工程、拆除工程、井点降水、临时便桥等，执行《第一册通用项目》有关定额。

给水管过河工程及取水头工程中的打桩工程、桥管基础、承台、混凝土桩及钢筋的制作安装等，执行《第三册 桥涵工程》有关定额。

给水工程中的沉井工程、构筑物工程、顶管工程、给水专用机械设备安装，均执行《第六册 排水工程》有关定额。

钢板卷管安装、钢管件制作安装、法兰安装、阀门安装，均执行《第七册 燃气与集中供热工程》有关定额。

管道除锈、外防腐缺项,执行《全国统一安装工程预算定额》的有关定额。

使用本册定额应注意的问题:本册定额管道、管件安装均按沟深 3 m 以内考虑,如超过 3 m 时,另行计算。本册定额均按无地下水考虑。

**1. 管道安装**

(1) 本章定额内容包括铸铁管、混凝土管、塑料管安装,铸铁管及钢管新旧管连接、管道试压、消毒冲洗。

(2) 本章定额管节长度是综合取定的,实际不同时不做调整。

(3) 套管内的管道铺设按相应的管道安装人工、机械乘以系数 1.2。

(4) 混凝土管安装不需要接口时,按《第六册 排水工程》相应定额执行。

(5) 新旧管线连接项目所指的管径是指新旧管中最大的管径。

(6) 本章定额不包括以下内容:管道试压、消毒冲洗、新旧管道连接的排水工作内容,按批准的施工组织设计另计。新旧管连接所需的工作坑及工作坑垫层、抹灰、马鞍卡子、盲板安装中,工作坑及工作坑垫层、抹灰,执行《第六册 排水工程》有关定额。马鞍卡子、盲板安装执行本册有关定额。

(7) 管道安装总工程量不足 50 m 时,管径小于等于 300 mm 的,其人工和机械耗用量均乘以系数 1.67;管径大于 300 mm 的,其人工和机械耗用量均乘以系数 2.00;管径大于 600 mm 的,其人工和机械耗用量均乘以系数 2.50。

**例 4 - 2** 套管内安装球墨铸铁管(胶圈接口)DN300,试套用定额。

**解** 套用定额编号 5 - 61,单位:10 m。

基价$=101.68×1.2+55.78+46.44×1.2=233.51$ 元

其中人工费$=101.68×1.2=122.01$ 元,机械费$=46.44×1.2=55.72$ 元。

其中未计价主材:球墨铸铁管(10.10 m)

**2. 管道防腐**

(1) 本章定额内容包括铸铁管、钢管的离心机械内涂防腐、人工内涂防腐、高分子内外防腐。

(2) 防腐综合考虑了现场和厂内集中防腐两种施工方法。

**3. 管件安装**

(1) 本章定额内容包括铸铁管件、承插式预应力混凝土转换件、塑料管件、分水栓、马鞍卡子、二合三通、铸铁穿墙管、水表安装。

(2) 铸铁管件安装适用于铸铁三通、弯头、套管、乙字管、渐缩管、短管的安装。并综合考虑了承口、插口、带盘的接口。与盘连接的阀门或法兰应另计。

(3) 铸铁管件安装(胶圈接口)也适用于球墨铸铁管件的安装。

(4) 马鞍卡子安装所列直径是指主管直径。

(5) 法兰式水表组成与安装定额内无缝钢管、焊接弯头所采用壁厚与设计不同时,允许调整其材料预算价格,其他不变。

(6) 本章定额不包括以下内容:与马鞍卡子相连的阀门安装,执行《第七册 燃气与集中供热工程》有关定额。分水栓、马鞍卡子、二合三通安装的排水内容,应按批准的施工组织设计另计。

### 4. 管道附属构筑物

(1) 本章定额内容包括砖砌圆形阀门井、砖砌矩形卧式阀门井、砖砌矩形水表井、圆形排泥湿井、消火栓井、管道支墩工程。

(2) 砖砌圆形阀门井是按《给水排水标准图集》(S143)、砖砌矩形卧式阀门井是按《给水排水标准图集》(S144)、砖砌矩形水表井是按《给水排水标准图集》(S145)、圆形排泥湿井是按《给水排水标准图集》(S146)、消火栓井是按《给水排水标准图集》(S162)编制的,且全部按无地下水考虑。增加了直筒式砖砌圆形立式蝶阀井、闸阀井、砖砌圆形卧式蝶阀井;圆形排泥湿井,收口式圆形水表井、带旁通管的水表井和不带旁通管的水表井。增加的部分是按《国家建筑标准设计图集》(07MS101)编制的。

(3) 本章定额所指的井深是指垫层顶面至铸铁井盖顶面的距离。井深大于 1.5 m 时,应按《第六册　排水工程》有关项目计取脚手架搭拆费。按《国家建筑标准设计图集》(07MS101)编制的管道附属构筑物,所指井深是钢筋混凝土底板顶面至钢筋混凝土盖板底面的距离。

(4) 本章定额是按普通铸铁井盖、井座考虑的,如设计要求采用球墨铸铁井盖、井座,其材料预算价格可以换算,其他不变。

(5) 排气阀井,可套用阀门井的相应定额。

(6) 矩形卧式阀门井筒每增 0.2 m 定额,包括 2 个井筒同时增 0.2 m。

(7) 本章定额不包括以下内容:模板安装拆除、钢筋制作安装。如发生时,执行《第六册　排水工程》有关定额。圆形排泥湿井的进水管、溢流管的安装。

### 5. 取水工程

(1) 本章定额内容包括大口井内套管安装、辐射井管安装、钢筋混凝土渗渠管制作安装、渗渠滤料填充。

(2) 大口井内套管安装:

① 大口井套管为井底封闭套管,按法兰套管全封闭接口考虑。

② 大口井底作反滤层时,执行渗渠滤料填充项目。

(3) 本章定额不包括以下内容,发生时按以下规定执行:

① 辐射井管的防腐,执行《全国统一安装工程预算定额》有关项目。

② 模板的制作安装和拆除、钢筋制作安装、沉井工程。发生时执行《第六册　排水工程》有关定额。其中渗渠制作的模板安装拆除人工按相应项目乘以系数 1.2。

③ 土石方开挖、回填、脚手架搭拆、围堰工程执行《第一册通用项目》有关定额。

④ 船上打桩及桩的制作,执行《第三册　桥涵工程》有关项目。

⑤ 水下管线铺设,执行《第七册　燃气与集中供热工程》有关项目。

### 6. 管道穿越工程及其他

(1) 本章适用于管道穿跨越工程。

(2) 拖管过河采用直线拖拉式。

(3) 不论制作与吊装、牵引,本章确定的人工、材料、机械均不得调整。

(4) 各种含量的确定:

① 单拱跨管桥管段组焊:按每 10 m 含 4.494 个口综合取定,有出入时定额人工、材料、机械台班乘以下列调整系数:

调整系数＝每 10 m 实际含口数 /4.494

② 附件制作安装：包括固定支座、加强筋板，预埋钢板，每项单拱跨工程只允许套用一次定额，管段组焊按设计长度套用定额。

③ "门形"管桥制作：$\varphi \leqslant 273$ 时，含 2 个 45°弯头（4D）及附件，基段 4 个口；$\varphi \geqslant 325$ 时，含 4 个 45°弯头（4D）及附件，基段 8 个口。加强筋板制作及地脚螺栓安装的人工、材料、机械台班已列入基段定额，使用时不准调整。

（5）中小型穿跨越吊装：机械吊装管桥采用汽车式起重机起吊。

（6）超运距机械台班用量均已综合在相应项目内。

（7）小于 40 m 的穿越管段组焊及拖管过河，不包括水下稳管。

（8）制作穿越拖管头所用的主材钢管与穿越管段的钢管，管径、壁厚不同时可以换算，其余材料和人工、机械台班均不得换算。

（9）本章工作内容均不包括探伤检测，如需要套用相关定额。

# 本章习题

1. 某给水管道工程穿越湖泊，采用膨润土泥浆护壁水平导向钻进工艺，土壤类别为二类土，管道采用 DN800 的钢管，穿越距离为 600 m，接口形式为焊接，管道做消毒清洗、试压及管口焊缝超声波探伤试验。请试着列出清单。

2.《江苏省计价定额市政工程（给水分册）》与《江苏省安装工程计价定额》的界限划分是什么？

# 第五章 排水工程计价

## 第一节 排水工程基础知识

排水工程是指收集和排出人类生活污水和生产中各种废水、多余地表水和地下水（降低地下水位）的工程。排水工程通常由排水管网、污水处理厂和出水口组成。排水管网是收集和输送废水的设施，包括排水设备、检查井、管渠、水泵站等工程设施。污水处理厂是处理和利用废水的设施，包括城市及工业企业污水处理厂（站）中的各种处理构筑物等。出水口是使废水排入水体并使其与水体很好混合的工程设施。

**1. 排水管道**

这部分内容请看第四章给水管道。

**2. 排水检查井、雨水口**

排水管道在管道交叉、转弯、管径变化、坡度变化处、标高变化处以及直线上每隔一定距离处，均设置了检查井以连接管道。

排水检查井可分为：雨水检查井、污水检查井；按结构类型通常可分为：落底井、流槽井（不落底井），污水检查井通常为流槽井，雨水检查井部分为落底井、部分为流槽井；按井身材料可分为：砌筑井（砖砌、石砌、混凝土预制块砌筑）、混凝土井、塑料井等；按井室平面形状可分为：矩形井、圆形井、扇形井等；排水检查井还可分为：定型井、非定型井。

定型井和
非定型井的区别

图 5-1 流槽井

图 5-2 混凝土井

图 5-3 塑料井

> **流槽井**:流槽井的底部有凹形流槽。
> **混凝土井**:混凝土井按施工工艺可分为现浇混凝土井及预制(成品)混凝土井,常用于混凝土管道的连接。
> **塑料井**:塑料井常用于塑料管道的连接。

最常见的排水检查井为矩形砖砌井,其构造部位可以分为:井垫层、井底板、井室、井室盖板、井筒、井圈、井盖及井盖座。

> 注:砖砌矩形井在市政排水管道工程中最常见,本图是流槽井剖面图。

雨水口一般设置在路侧边沟上及路边低洼地点,是雨水管道系统上收集雨水的构筑物,路面上的雨水进入雨水口后,通过雨水连接管进入雨水检查井,进入雨水管道。雨水口通常采用砖砌井身,平面形状通常为矩形,其构造部位可以分为:雨水口垫层、底板、井身、井座、井箅及井箅座。

图 5-4　砖砌矩形检查井剖面图

图 5-5　雨水口剖面图

图 5-6　雨水口井箅及井箅座

### 3. 出水口

出水口是排水系统的终点构筑物,将雨水或处理后达到排放标准的污水排入河道或收纳水体。雨水出水口通常为非淹没式,即出水管的管底标高高于水体最高水位或常水位。污水出水口通常为淹没式,即出水管的管底标高低于水体常水位。

出水口根据材料分为砖砌出水口、石砌出水口、混凝土出水口;根据其形式可分为:一字式出水口、八字式出水口、门式出水口。

图 5-7 出水口

### 4. 排水构筑物

（1）排水泵站

排水泵站是一种为了提升污水、雨水、污泥的标高而修建的构筑物。其中较常见的是污水排水泵站。

图 5-8 泵站剖面图

注：泵站作用主要是将水位标高提升，即将水从低处排往高处。

排水泵站由于深度比较大，大多采用沉井法施工。沉井是钢筋混凝土井筒状（平面形状矩形或圆形）的结构物，它是以井内挖土，依靠自身重力克服井壁与土体间的摩阻力后下沉到设计标高，然后进行混凝土封底。沉井的施工程序包括：井筒预制、井筒挖土下沉、井筒封底。

图 5-9　矩形沉井

图 5-10　圆形沉井

图 5-11　沉井施工程序示意图

注:沉井的基本施工程序为:铺设垫层及承垫木、沉井井筒预制、垫木抽除、挖土下沉、封底。

（2）污水处理构筑物

常见的污水处理构筑物分为:

① 一级处理构筑物:主要有粗格栅、细格栅、沉砂池、初（预）沉池等;

② 二级处理构筑物,主要有曝气池、氧化沟、二沉池、浓缩池、消化池、生物滤池、生物转盘、生物流化床等;

③ 三级处理构筑物,主要有消毒池等。

污水处理构筑物按其结构类型可分为:混凝土结构、砌体结构、钢结构,其中混凝土结构分为现浇混凝土结构、预制拼装混凝土结构,砌体结构分为石砌、砖砌、预制块砌砖。

污水处理构筑物施工过程中,需按规范要求进行施工缝的设置和处理;污水处理构筑物施工完成后,必须进行满水试验,以检测池体渗漏水是否符合规范要求;砌体结构施工后,须进行防水的施工和处理。

（3）排水构筑物的设备

排水构筑物中的专用机械设备包括：格栅等拦污及提水设备；加氯机等投药消毒处理设备；曝气机、曝气器、生物转盘等水处理设备；吸泥机刮泥机等排泥、排渣、除砂机械；脱水机等污泥脱水机械等。

#### 5. 模板、钢筋、井字架、脚手架

在排水工程现浇及预制混凝土结构施工过程中，需进行模板的支设和拆除，模板可采用木模板、钢模板。施工中需进行钢筋的制作、运输、安装，普通钢筋需区分现浇混凝土钢筋、预制混凝土钢筋，并需区分圆钢、螺纹钢；预应力钢筋需区分先张法、后张法。排水检查井井深超过 1.5 m 可以考虑搭拆井字架。排水工程砌筑或浇筑高度超过 1.2 m、抹灰高度超过 1.5 m 时，可以考虑搭拆脚手架。

图 5-12　格栅机

图 5-13　木模板

图 5-14　井字架

## 第二节　排水工程清单编制

### 一、排水管道

#### 1. 开槽施工的排水管道铺设

开槽施工的排水管道铺设清单项目通常有：混凝土管、塑料管、钢管、铸铁管。

开槽施工的排水管道铺设工程量清单项目编码、项目特征描述的内容、计量单位及工程量计算规则等按照表 5-1（规范表 E.1-1）规定执行。

表 5-1 开槽管道铺设(编码:040501)

| 项目编号 | 项目名称 | 项目特征 | 计量单位 | 工程量计算规则 | 工程内容 |
|---|---|---|---|---|---|
| 040501001 | 混凝土管 | 1. 垫层、基础材质及厚度<br>2. 管座材质<br>3. 规格<br>4. 接口形式<br>5. 铺设深度<br>6. 混凝土强度等级<br>7. 管道检验及试验要求 | | | 1. 垫层、基础铺筑及养护<br>2. 模板制作、安装、拆除<br>3. 砼拌和、运输、浇筑、养护<br>4. 预制管枕安装<br>5. 管道铺设<br>6. 管道接口<br>7. 管道检验及试验 |
| 040501002 | 钢管 | 1. 垫层、基础材质及厚度<br>2. 材质及规格<br>3. 接口形式<br>4. 铺设深度<br>5. 管道检验及试验要求<br>6. 集中防腐运距 | m | 按设计图示中心线长度以延长米计算,不扣除附属构筑物、管件及阀门等所占长度 | 1. 垫层、基础铺筑及养护<br>2. 模板制作、安装、拆除<br>3. 砼拌和、运输、浇筑、养护<br>4. 管道铺设<br>5. 管道检验及试验<br>6. 集中防腐运距 |
| 040501003 | 铸铁管 | | | | |
| 040501004 | 塑料管 | 1. 垫层、基础材质及厚度<br>2. 材质及规格<br>3. 接口形式<br>4. 铺设深度<br>5. 管道检验及试验要求 | | | 1. 垫层、基础铺筑及养护<br>2. 模板制作、安装、拆除<br>3. 砼拌和、运输、浇筑、养护<br>4. 管道铺设<br>5. 管道检验及试验 |

注:管道铺设项目中的做法如为标准设计,也可在项目特征中标注标准图集号。
开槽施工的排水管道铺设清单项目设置、项目特征描述的内容、计量单位及工程量计算规则、可能包括的工作内容等。

(1)排水管道铺设清单工程量计算时,不需要扣除排水检查井等构筑物所占的长度。

(2)管道铺设的做法如为标准设计,也可在项目特征中标注标准图集号。

**2.不开槽施工的排水管道铺设**

不开槽施工的排水管道铺设清单项目通常有:水平导向钻进、顶管以及顶管工作坑。

不开槽施工的排水管道铺设工程量清单项目编码、项目特征描述的内容、计量单位及工程量计算规则等按照表 5-2(规范表 E.1-2)规定执行。

表 5 - 2　不开槽管道铺设(编码:040501)

| 项目编号 | 项目名称 | 项目特征 | 计量单位 | 工程量计算规则 | 工程内容 |
|---|---|---|---|---|---|
| 040501008 | 水平导向钻进 | 1. 土壤类别<br>2. 材质及规格<br>3. 一次成孔长度<br>4. 接口形式<br>5. 泥浆要求<br>6. 管道检验及试验要求<br>7. 集中防腐运距 | m | 按设计图示长度以延长米计算,扣除附属构筑物(检查井)所占的长度 | 1. 设备安装、拆除<br>2. 定位、成孔<br>3. 管道接口<br>4. 拉管<br>5. 纠偏、监测<br>6. 泥浆制作、注浆<br>7. 管道检测及试验<br>8. 集中防腐运距<br>9. 泥浆、土方外运 |
| 040501009 | 夯管 | 1. 土壤类别<br>2. 材质及规格<br>3. 一次夯管长度<br>4. 接口形式<br>5. 管道检验及试验要求<br>6. 集中防腐运距 | | | 1. 设备安装、拆除<br>2. 定位、夯管<br>3. 管道接口<br>4. 纠偏、监测<br>5. 管道检测及试验<br>6. 集中防腐运距<br>7. 土方外运 |
| 040501010 | 顶管工作坑 | 1. 土壤类别<br>2. 工作坑平面尺寸及深度<br>3. 支撑、围护方式<br>4. 垫层、基础材质及厚度<br>5. 砼强度等级<br>6. 设备、工作台主要技术要求 | 座 | 按设计图示数量计算 | 1. 支撑、围护<br>2. 模板制作、安装、拆除<br>3. 砼拌和、运输、浇筑、养护<br>4. 工作坑内设备、工作台安装及拆除 |
| 040501011 | 预制砼工作坑 | 1. 土壤类别<br>2. 工作坑平面尺寸及深度<br>3. 垫层、基础材质及厚度<br>4. 砼强度等级<br>5. 设备、工作台主要技术要求<br>6. 砼构件运距 | | | 1. 砼工作坑制作<br>2. 下沉、定位<br>3. 模板制作、安装、拆除<br>4. 砼拌和、运输、浇筑、养护<br>5. 工作坑内设备、工作台安装及拆除<br>6. 砼构件运输 |

| 项目编号 | 项目名称 | 项目特征 | 计量单位 | 工程量计算规则 | 工程内容 |
|---|---|---|---|---|---|
| 040501012 | 顶管 | 1. 土壤类别<br>2. 顶管工作方式<br>3. 管道材质及规格<br>4. 中继间规格<br>5. 工具管材质及规格<br>6. 触变泥浆要求<br>7. 管道检验及试验要求<br>8. 集中防腐运距 | m | 按设计图示长度以延长米计算。扣除附属构筑物(检查井)所占的长度 | 1. 管道顶进<br>2. 管道接口<br>3. 中继间、工具管及附属设备安装拆除<br>4. 管内挖、运土及土方提升<br>5. 机械顶管设备调向<br>6. 纠偏、监测<br>7. 触变泥浆制作、注浆<br>8. 洞口止水<br>9. 管道检测及试验<br>10. 集中防腐运输<br>11. 泥浆、土方外运 |

## 二、排水管道附属构筑物

排水管道附属构筑物清单项目通常有:砌筑井、塑料检查井、混凝土井、雨水口、砌体出水口、混凝土出水口。

排水管道附属构筑物工程量清单项目编码、项目特征描述的内容、计量单位及工程量计算规则等按照表5-3(规范表 E.4)规定执行。

表5-3 排水管道附属构筑物(编码:040504)

| 项目编号 | 项目名称 | 项目特征 | 计量单位 | 工程量计算规则 | 工程内容 |
|---|---|---|---|---|---|
| 040504001 | 砌筑井 | 1. 垫层、基础材质及厚度<br>2. 砌筑材料品种、规格、强度等级<br>3. 勾缝、抹面要求<br>4. 砂浆强度等级、配合比<br>5. 砼强度等级<br>6. 盖板材质、规格<br>7. 井盖、井圈材质及规格<br>8. 踏步材质、规格<br>9. 防渗、防水要求 | 座 | 按设计图示数量计算 | 1. 垫层铺筑<br>2. 模板制作、安装、拆除<br>3. 砼拌和、运输、浇筑、养护<br>4. 砌筑、勾缝、抹面<br>5. 井圈、井盖安装<br>6. 盖板安装<br>7. 踏步安装<br>8. 防水、止水 |

续　表

| 项目编号 | 项目名称 | 项目特征 | 计量单位 | 工程量计算规则 | 工程内容 |
|---|---|---|---|---|---|
| 040504002 | 混凝土井 | 1. 垫层、基础材质及厚度<br>2. 砼强度等级<br>3. 盖板材质、规格<br>4. 井盖、井圈材质及规格<br>5. 踏步材质、规格<br>6. 防渗、防水要求 | | | 1. 垫层铺筑<br>2. 模板制作、安装、拆除<br>3. 砼拌和、运输、浇筑、养护<br>4. 井圈、井盖安装<br>5. 盖板安装<br>6. 踏步安装<br>7. 防水 |
| 040504003 | 塑料检查井 | 1. 垫层、基础材质及厚度<br>2. 检查井材质、规格<br>3. 井筒、井盖、井圈材质及规格 | 座 | 按设计图示数量计算 | 1. 垫层铺筑<br>2. 模板制作、安装、拆除<br>3. 砼拌和、运输、浇筑、养护<br>4. 检查井安装<br>5. 井筒、井圈、井盖安装 |
| 040504006 | 砌体出水口 | 1. 垫层、基础材质及厚度<br>2. 砌筑材料品种、规格<br>3. 砌筑、勾缝、抹面要求<br>4. 砂浆强度等级及配合比 | | | 1. 垫层铺筑<br>2. 模板制作、安装、拆除<br>3. 砼拌和、运输、浇筑、养护<br>4. 砌筑、勾缝、抹面 |
| 040504007 | 混凝土出水口 | 1. 垫层、基础材质及厚度<br>2. 砼强度等级 | | | 1. 垫层铺筑<br>2. 模板制作、安装、拆除<br>3. 砼拌和、运输、浇筑、养护 |
| 040504009 | 雨水口 | 1. 雨水篦子及圈口材质、型号、规格<br>2. 垫层、基础材质及厚度<br>3. 砼强度等级<br>4. 砌筑材料品种、规格<br>5. 砂浆强度等级及配合比 | | | 1. 垫层铺筑<br>2. 模板制作、安装、拆除<br>3. 砼拌和、运输、浇筑、养护<br>4. 砌筑、勾缝、抹面<br>5. 雨水篦子安装 |

注:管道附属构筑物为标准定型附属构筑物时,在项目特征中应标注标准图集编号及页码。

排水管道附属构筑物为标准定型附属构筑物时,如排水检查井采用定型井时,在项目特征中应标注标准图集编号及页码。

### 三、沉井

沉井清单项目通常有：现浇混凝土沉井井壁及隔墙、沉井下沉、沉井混凝土底板、沉井内地下混凝土结构、沉井混凝土顶板。

沉井工程量清单项目编码、项目特征描述的内容、计量单位及工程量计算规则等按照表表5-4(规范表F.1-1)规定执行。

表5-4　水处理构筑物(编码:040601)

| 项目编号 | 项目名称 | 项目特征 | 计量单位 | 工程量计算规则 | 工程内容 |
|---|---|---|---|---|---|
| 040601001 | 现浇混凝土沉井井壁及隔墙 | 1. 混凝土强度等级<br>2. 防水、抗渗要求<br>3. 断面尺寸 | m³ | 按设计图示尺寸以体积计算 | 1. 垫木铺设<br>2. 模板制作、安装、拆除<br>3. 砼拌和、运输、浇筑<br>4. 养护<br>5. 预留孔封口 |
| 040601002 | 沉井下沉 | 1. 土壤类别<br>2. 断面尺寸<br>3. 下沉深度<br>4. 减阻材料种类 | | 按自然面标高至设计垫层底标高间的高度乘以沉井外壁最大断面面积以体积计算 | 1. 垫木拆除<br>2. 挖土<br>3. 沉井下沉<br>4. 填充减阻材料<br>5. 余方弃置 |
| 040601003 | 沉井混凝土底板 | 1. 混凝土强度等级<br>2. 防水、抗渗要求 | | 按设计图示尺寸以体积计算 | 1. 模板制作、安装、拆除<br>2. 砼拌和、运输、浇筑<br>3. 养护 |
| 040601004 | 沉井内地下混凝土结构 | 1. 部位<br>2. 混凝土强度等级<br>3. 防水、抗渗要求 | | | |
| 040601005 | 沉井混凝土顶板 | 1. 混凝土强度等级<br>2. 防水、抗渗要求 | | | |

注：沉井工程清单项目设置、项目特征描述的内容、计量单位及工程量计算规则、可能包括的工作内容等。

(1) 沉井混凝土地梁工程量应并入底板内计算。

(2) 沉井垫层按桥涵工程相关项目编码列项。

### 四、污水处理构筑物

污水处理构筑物工程量清单项目编码、项目特征描述的内容、计量单位及工程量计算规则等按照表5-5(规范表F.1-2)规定执行。

给排水管道附属
构筑物清单编制

表 5－5　水处理构筑物(编码:040601)

| 项目编号 | 项目名称 | 项目特征 | 计量单位 | 工程量计算规则 | 工程内容 |
|---|---|---|---|---|---|
| 040601006 | 现浇混凝土池底 | 1. 混凝土强度等级<br>2. 防水、抗渗要求 | m³ | 按设计图示尺寸以体积计算 | 1. 模板制作、安装、拆除<br>2. 砼拌和、运输、浇筑<br>3. 养护 |
| 040601007 | 现浇混凝土池壁(隔墙) | | | | |
| 040601008 | 现浇混凝土池柱 | | | | |
| 040601009 | 现浇混凝土池梁 | | | | |
| 040601010 | 现浇混凝土池盖板 | | | | |
| 040601011 | 现浇混凝土板 | | | | |
| 040601012 | 池槽 | 1. 混凝土强度等级<br>2. 防水、抗渗要求<br>3. 池槽断面尺寸<br>4. 盖板材质 | m | 按设计图示尺寸以长度计算 | 1. 模板制作、安装、拆除<br>2. 砼拌和、运输、浇筑<br>3. 养护<br>4. 盖板安装<br>5. 其他材料铺设 |
| 040601013 | 砌筑导流壁、筒 | 1. 砌体材料、规格<br>2. 断面尺寸<br>3. 砌筑、勾缝、抹面砂浆强度等级 | m³ | 按设计图示尺寸以体积计算 | 1. 砌筑<br>2. 抹面<br>3. 勾缝 |
| 040601014 | 混凝土导流壁、筒 | 1. 混凝土强度等级<br>2. 防水、抗渗要求<br>3. 断面尺寸 | | | 1. 模板制作、安装、拆除<br>2. 砼拌和、运输、浇筑<br>3. 养护 |
| 040601015 | 混凝土楼梯 | 1. 结构形式<br>2. 底板厚度<br>3. 混凝土强度等级 | 1. m²<br>2. m³ | 1. 以平方米计量,按设计图示尺寸以水平投影面积计算<br>2. 以立方米计量,按设计图示尺寸以体积计算 | 1. 模板制作、安装、拆除<br>2. 砼拌和、运输、浇筑或预制<br>3. 养护<br>4. 楼梯安装 |

| 项目编号 | 项目名称 | 项目特征 | 计量单位 | 工程量计算规则 | 工程内容 |
|---|---|---|---|---|---|
| 040601016 | 金属扶梯、栏杆 | 1. 材质<br>2. 规格<br>3. 防腐刷油材质、工艺要求 | 1. t<br>2. m | 1. 以吨计量,按设计图示尺寸以质量计算<br>2. 以米计量,按设计图示尺寸以长度计算 | 1. 制作、安装<br>2. 除锈、防腐、刷油 |
| 040601017 | 其他现浇混凝土构件 | 1. 构件名称、规格<br>2. 混凝土强度等级 | m³ | 按设计图示尺寸以体积计算 | 1. 模板制作、安装、拆除<br>2. 砼拌和、运输、浇筑<br>3. 养护 |
| 040601018 | 预制混凝土板 | 1. 图集、图纸名称<br>2. 构件代号、名称<br>3. 混凝土强度等级<br>4. 防水、抗渗要求 | | | 1. 模板制作、安装、拆除<br>2. 砼拌和、运输、浇筑<br>3. 养护<br>4. 构件安装<br>5. 接头灌浆<br>6. 砂浆制作<br>7. 运输 |
| 040601019 | 预制混凝土槽 | | | | |
| 040601020 | 预制混凝土支墩 | | | | |
| 040601021 | 其他预制混凝土构件 | 1. 部位<br>2. 图集、图纸名称<br>3. 构件代号、名称<br>4. 混凝土强度等级<br>5. 防水、抗渗要求 | | | |
| 040601022 | 滤板 | 1. 材质<br>2. 规格<br>3. 厚度<br>4. 部位 | m² | 按设计图示尺寸以面积计算 | 1. 制作<br>2. 安装 |
| 040601023 | 折板 | | | | |
| 040601024 | 壁板 | | | | |
| 040601025 | 滤料铺设 | 1. 滤料品种<br>2. 滤料规格 | m³ | 按设计图示尺寸以体积计算 | 铺设 |
| 040601026 | 尼龙网板 | 1. 材料品种<br>2. 材料规格 | m² | 按设计图示尺寸以面积计算 | 1. 制作<br>2. 安装 |
| 040601027 | 刚性防水 | 1. 工艺要求<br>2. 材料品种、规格 | | | 1. 配料<br>2. 铺筑 |
| 040601028 | 柔性防水 | | | | 涂、贴、粘、刷防水涂料 |

续 表

| 项目编号 | 项目名称 | 项目特征 | 计量单位 | 工程量计算规则 | 工程内容 |
|---|---|---|---|---|---|
| 040601029 | 沉降(施工)缝 | 1. 材料品种<br>2. 沉降缝规格<br>3. 沉降缝部位 | m | 按设计图示尺寸以长度计算 | 铺、嵌沉降(施工)缝 |
| 040601030 | 井、池渗漏试验 | 构筑物名称 | m³ | 按设计图示尺寸以体积计算 | 渗漏试验 |

注:污水处理构筑物清单项目设置、项目特征描述的内容、计量单位及工程量计算规则、可能包括的工作内容等。

(1) 污水处理构筑物的垫层按桥涵工程相关项目编码列项。

(2) 污水处理构筑物工程中建筑物应按《房屋建筑和装饰工程工程量计算规范》(GB 50854—2013)中相关项目编码列项。

(3) 污水处理构筑物工程中园林绿化项目应按《园林绿化工程工程量计算规范》(GB 50858—2013)中相关项目编码列项。

## 五、污水处理(专用)设备

污水处理(专用)设备工程量清单项目编码、项目特征描述的内容、计量单位及工程量计算规则等按照表 5-6(规范表 F.2)规定执行。

表 5-6　污水处理设备(编码:040602)

| 项目编号 | 项目名称 | 项目特征 | 计量单位 | 工程量计算规则 | 工程内容 |
|---|---|---|---|---|---|
| 040602001 | 格栅 | 1. 材质<br>2. 防腐材料<br>3. 规格 | 1. t<br>2. 套 | 1. 以吨计量,按设计图示尺寸以质量计算<br>2. 以套计量,按设计图示数量计算 | 1. 制作<br>2. 防腐<br>3. 安装 |
| 040602002 | 格栅除污机 | 1. 类型<br>2. 材质<br>3. 规格、型号<br>4. 参数 | 台 | 按设计图示数量计算 | 1. 安装<br>2. 无负荷试运转 |
| 040602003 | 滤网清污机 | | | | |
| 040602004 | 压榨机 | | | | |
| 040602005 | 刮砂机 | | | | |
| 040602006 | 吸砂机 | | | | |
| 040602007 | 刮泥机 | | | | |
| 040602008 | 吸泥机 | | | | |
| 040602009 | 刮吸泥机 | | | | |
| 040602010 | 撇渣机 | | | | |

| 项目编号 | 项目名称 | 项目特征 | 计量单位 | 工程量计算规则 | 工程内容 |
|---|---|---|---|---|---|
| 040602011 | 砂(泥)水分离器 | 1. 类型<br>2. 材质<br>3. 规格、型号<br>4. 参数 | 台 | 按设计图示数量计算 | 1. 安装<br>2. 无负荷试运转 |
| 040602012 | 曝气机 | | 台 | | |
| 040602013 | 曝气器 | | 个 | | |
| 040602014 | 布气管 | 1. 材质<br>2. 直径 | m | 按设计图示尺寸以长度计算 | 1. 钻孔<br>2. 安装 |
| 040602015 | 滗水器 | 1. 类型<br>2. 材质<br>3. 规格、型号<br>4. 参数 | 套 | 按设计图示数量计算 | 1. 安装<br>2. 无负荷试运转 |
| 040602016 | 生物转盘 | | 套 | | |
| 040602017 | 搅拌机 | | 台 | | |
| 040602018 | 推进器 | | 台 | | |
| 040602019 | 加药设备 | | 套 | | |
| 040602020 | 加氯机 | | 套 | | |
| 040602021 | 氯吸收装置 | | 套 | | |
| 040602022 | 水射器 | 1. 材质<br>2. 公称直径 | 个 | | |
| 040602023 | 管式混合器 | | 个 | | |
| 040602024 | 冲洗装置 | | 套 | | |
| 040602025 | 带式压滤机 | 1. 类型<br>2. 材质<br>3. 规格、型号<br>4. 参数 | 台 | | |
| 040602026 | 污泥脱水机 | | 台 | | |
| 040602027 | 污泥浓缩机 | | 台 | | |
| 040602028 | 污泥浓缩脱水一体机 | | 台 | | |
| 040602029 | 污泥输送机 | | 台 | | |
| 040602030 | 污泥切割机 | | 台 | | |
| 040602031 | 闸门 | 1. 类型<br>2. 材质<br>3. 形式<br>4. 规格、型号 | 1. 座<br>2. t | 1. 以座计量,按设计图示数量计算<br>2. 以吨计量,按设计图示尺寸以重量计算 | 1. 安装<br>2. 操纵装置安装<br>3. 调试 |
| 040602032 | 旋转门 | | | | |
| 040602033 | 堰门 | | | | |
| 040602034 | 拍门 | | | | |
| 040602035 | 启闭机 | 1. 类型<br>2. 材质<br>3. 形式<br>4. 规格、型号 | 台 | 按设计图示数量计算 | 1. 安装<br>2. 操纵装置安装<br>3. 调试 |

| 项目编号 | 项目名称 | 项目特征 | 计量单位 | 工程量计算规则 | 工程内容 |
|---|---|---|---|---|---|
| 040602036 | 升杆式铸铁泥阀 | 公称直径 | 座 | 按设计图示数量计算 | 1. 安装<br>2. 操纵装置安装<br>3. 调试 |
| 040602037 | 平底盖闸 | | | | |
| 040602038 | 集水槽 | 1. 材质<br>2. 厚度<br>3. 形式<br>4. 防腐材料 | m² | 按设计图示尺寸以面积计算 | 1. 制作<br>2. 安装 |
| 040602039 | 堰板 | | | | |
| 040602040 | 斜板 | 1. 材料品种<br>2. 厚度 | | | 安装 |
| 040602041 | 斜管 | 1. 斜管材料品种<br>2. 斜管规格 | m | 按设计图示以长度计算 | |
| 040602042 | 紫外线消毒设备 | 1. 类型<br>2. 材质<br>3. 规格、型号<br>4. 参数 | 套 | 按设计图示数量计算 | 1. 安装<br>2. 无负荷试运转 |
| 040602043 | 臭氧消毒设备 | | | | |
| 040602044 | 除臭设备 | | | | |
| 040602045 | 膜处理设备 | | | | |
| 040602046 | 在线水质检测设备 | | | | |

注:污水处理专用设备清单项目设置、项目特征描述的内容、计量单位及工程量计算规则、可能包括的工作内容等。

污水处理的定型设备(通用设备)应按《通用安装工程工程量计算规范》(GB 50856—2013)相关项目编码列项。

# 第三节　排水工程清单计价

## 一、工程量计算

### 1. 管道铺设定型混凝土管道基础及铺设

(1) 各种角度的混凝土基础、混凝土管、塑料管铺设按井中至井中的中心扣除检查井长度,以延长米计算工程量。每座检查井扣除长度按下表计算。

表 5-7　检查井扣除长度表

| 检查井规格(mm) | 扣除长度(m) | 检查井规格(mm) | 扣除长度(m) |
|---|---|---|---|
| φ700 | 0.4 | 各种矩形井 | 1.0 |
| φ1 000 | 0.7 | 各种交汇井 | 1.20 |
| φ1 250 | 0.95 | 各种扇形井 | 1.0 |
| φ1 500 | 1.20 | 圆形跌水井 | 1.60 |
| φ2 000 | 1.70 | 矩形跌水井 | 1.70 |
| φ2 500 | 2.20 | 阶梯式跌水井 | 按实扣 |

(2) 管道接口区分管径和做法,以实际接口个数计算工程量。

(3) 管道闭水试验,以实际闭水长度计算,不扣各种井所占长度。

(4) 管道出水口区分型式、材质及管径,以"处"为单位计算。

**2. 定型井**

(1) 各种井按不同井深、井径以座为单位计算。

(2) 各类井的井深按井底基础以上至井盖顶计算。

**3. 非定型井、渠、管道基础及砌筑**

(1) 本章所列各项目的工程量均以施工图为准计算,其中:

① 砌筑按计算体积,以"10 m³"为单位计算。

② 抹灰、勾缝以"100 m²"为单位计算。

③ 各种井的预制构件以实体积"m³"计算,安装以"套"为单位计算。

④ 井、渠垫层、基础按实体积以"10 m³"计算。

⑤ 沉降缝应区分材质按沉降缝的断面积或铺设长度分别以"100 m²"和"100 m"计算。

⑥ 各类混凝土盖板的制作按实体积以"m³"计算,安装应区分单件(块)体积,以"10 m³"计算。

(2) 检查井筒的砌筑适用于混凝土管道井深不同的调整和方沟井筒的砌筑,区分高度以"座"为单位计算,高度与定额不同时采用每增减 0.5 m 计算。

(3) 方沟(包括存水井)闭水试验的工程量,按实际闭水长度的用水量,以"100 m³"计算。

**4. 给排水构筑物**

(1) 沉井

沉井垫木按刃脚中心线以"100 延长米"为单位;沉井井壁及隔墙的厚度不同,如上薄下厚,可按平均厚度执行相应定额。

(2) 钢筋混凝土池

① 钢筋混凝土各类构件均按图示尺寸,以混凝土实体积计算,不扣除 0.3 m² 以内的孔洞体积。

② 各类池盖中的进人孔、透气孔盖以及与盖相连接的结构,工程量合并在池盖中计算。

③ 平底池的池底体积,应包括池壁下的扩大部分;池底带有斜坡时,斜坡部分应按坡底计算;锥形底应算至壁基梁底面,无壁基梁算至锥底坡的上口。

④ 池壁分别按不同厚度计算体积,如壁上薄下厚,以平均厚度计算。池壁高度应自池底板面算至池盖下面。

⑤ 无梁盖柱的柱高,应自池底上表面算至池盖的下表面,并包括柱座、柱帽的体积。

⑥ 无梁盖应包括与池壁相连的扩大部分的体积;肋形盖应包括主、次梁及盖部分的体积;球形盖应自池壁顶面以上,包括边侧梁的体积在内。

⑦ 沉淀池水槽,系指池壁上的环形溢水槽及纵横 U 形水槽,但不包括与水槽相连接的矩形梁,矩形梁可执行梁的相应项目。

(3) 预制混凝土构件

① 预制钢筋混凝土滤板按图示尺寸区分厚度以“10 m³”计算,不扣除滤头套管所占体积。

② 除钢筋混凝土滤板外其他预制混凝土构件均按图示尺寸以“ m³”计算,不扣除0.3 m² 以内孔洞所占体积。

(4) 折板、壁板制作安装

① 折板安装区分材质均按图示尺寸以“m²”计算。

② 稳流板安装区分材质不分断面均按图示长度以“延长米”计算。

(5) 滤料铺设:各种滤料铺设均按设计要求的铺设平面乘以铺设厚度以“ m³”计算,锰砂、铁矿石滤料以“10 t”计算。

(6) 防水工程

① 各种防水层按实铺面积,以“100 m²”计算,不扣除 0.3 m² 以内孔洞所占面积。

②平面与立面交接处的防水层,其上卷高度超过 500 mm 时,按立面防水层计算。

(7) 施工缝:各种材质的施工缝填缝及盖缝均不分断面按设计缝长以“延长米”计算。

(8) 井、池渗漏试验:井、池的渗漏试验区分井、池的容量范围,以“1 000 m³”水容量计算。

**5. 模板、钢筋、井字架工程**

(1) 现浇混凝土构件模板按构件与模板的接触面积以“m²”计算。

(2) 预制混凝土构件模板,按构件的实体积以“ m³”计算。

(3) 砖、石拱圈的拱盔和支架均以拱盔与圈弧弧形接触面积计算,并执行《第三册 桥涵工程》的相应项目。

(4) 各种材质的地模胎膜,按施工组织设计的工程量,并应包括操作等必要的宽度以“m²”计算,执行《第三册 桥涵工程》相应项目。

(5) 井字架区分材质和搭设高度以“架”为单位计算,每座井计算一次。

(6) 井底流槽按浇注的混凝土流槽与模板的接触面积计算。

(7) 钢筋工程,应区别现浇、预制,分别按设计长度乘以单位重量以“t”计算。

(8) 计算钢筋工程量时,设计已规定搭接长度的,按规定搭接长度计算;设计未规定搭接长度的,已包括在钢筋的损耗中,不另计算搭接长度。

(9) 先张法预应力钢筋,按构件外型尺寸计算长度,后张法预应力钢筋按设计图规定的预应力钢筋预留孔道长度,并区别不同锚具,分别按下列规定计算:

① 钢筋两端采用螺杆锚具时,预应力的钢筋按预留孔道长度减 0.35 m,螺杆另计。

② 钢筋一端采用镦头插片、另一端采用螺杆锚具时,预应力钢筋长度按预留孔道长度

计算。

③ 钢筋一端采用镦头插片、另一端采用帮条锚具时,增加 0.15 m;如两端均采用帮条锚具,预应力钢筋共增加长度 0.3 m。

④ 采用后张混凝土自锚时,预应力钢筋共增加长度 0.35 m。

(10) 钢筋混凝土构件预埋铁件,按设计图示尺寸以"t"为单位计算工程量。

## 二、预算定额的应用

### 1. 定型混凝土管道基础及铺设

(1) 本章定额包括混凝土管道基础、管道铺设、管道接口、闭水试验、管道出水口,是依国家建筑标准设计图集《市政排水管道工程及附属设施》(06MS201)计算的,适用于市政工程雨水、污水及合流混凝土排水管道工程。

(2) D600~D700 混凝土管铺设分为人工下管和人机配合下管,D800~D2400 为人机配合下管。

(3) 如在无基础的槽内铺设管道,其人工、机械乘以系数 1.18。

(4) 如遇有特殊情况,必须在支撑下串管铺设,人工、机械乘以系数 1.33。

(5) 自(予)应力胶圈接口混凝土管采用给水册的相应定额项目。

(6) 实际管座角度与定额不同时,采用第 3 章非定型管座定额项目。

企口管的膨胀水泥砂浆接口适于 360°,其他接口均是按管座 120°和 180°列项的。如管座角度不同,按相应材质的接口做法,以管道接口调整表(见下表)进行调整。

表 5-8 管道接口调整系数表

| 序号 | 项目名称 | 实做角度 | 调整基数或材料 | 调整系数 |
|------|----------|----------|----------------|----------|
| 1 | 水泥砂浆接口 | 90° | 120°定额基价 | 1.33 |
| 2 | 水泥砂浆接口 | 135° | 120°定额基价 | 0.89 |
| 3 | 钢丝网水泥砂浆接口 | 90° | 120°定额基价 | 1.33 |
| 4 | 钢丝网水泥砂浆接口 | 135° | 120°定额基价 | 0.89 |
| 5 | 企口管膨胀水泥砂浆接口 | 90° | 定额中 1:2 水泥砂浆 | 0.75 |
| 6 | 企口管膨胀水泥砂浆接口 | 120° | 定额中 1:2 水泥砂浆 | 0.67 |
| 7 | 企口管膨胀水泥砂浆接口 | 135° | 定额中 1:2 水泥砂浆 | 0.625 |
| 8 | 企口管膨胀水泥砂浆接口 | 180° | 定额中 1:2 水泥砂浆 | 0.50 |
| 9 | 企口管石棉水泥接口 | 90° | 定额中 1:2 水泥砂浆 | 0.75 |
| 10 | 企口管石棉水泥接口 | 120° | 定额中 1:2 水泥砂浆 | 0.67 |
| 11 | 企口管石棉水泥接口 | 135° | 定额中 1:2 水泥砂浆 | 0.625 |
| 12 | 企口管石棉水泥接口 | 180° | 定额中 1:2 水泥砂浆 | 0.50 |

注:现浇混凝土外套环、变形缝接口,通用于平口、企口管。

**例 5-1** 平口管排水管道管径 500 mm,水泥砂浆抹带接口,实做角度 135°,试套用定额并确定定额基价。

**解** [6-232]:118.59×0.89=105.55(元/10 个口)

(7) 定额中的钢丝网水泥砂浆接口不包括内抹口,如设计要求内抹口时,按抹口周长每 100 延长米增加水泥砂浆 0.042 m³、人工 9.22 工日计算。

**例 5-2** DN600 钢筋混凝土平口管道(135°基础),内外抹口均为 1:2.5 水泥砂浆,10 个口的内抹口周长为 18.9 m,试套用定额并确定综合基价。

**解** [6-233]:(132.4+0.189×9.22×74×1.29+0.189×0.042×265.07×1.015)× 0.89=267.79(元/10 个口)

(8) 如工程项目的设计要求与本定额所采用的标准图集不同时,套用第 3 章非定型的相应项目。

(9) 定额中计列了砖砌、石砌一字式、门字式、八字式适用于 D300 至 D2400 mm 不同复土厚度的出水口,是按《给排水标准图集》(苏 S01-2004)对应选用,非定型或材质不同时可套用《第一册 通用项目》或本册第 3 章相应项目另行计算。

**例 5-3** 某市政污水管道工程,按国标 06MS201 设计,φ1 000 钢筋砼管(2 m 一节),管道基础为 120°砼基础,接口为钢丝网水泥砂浆抹带平接口。沟槽挖土采用 1 m³ 反铲挖掘机挖三类土方(坑内挖土、不装车)、人机配合下管,土质为干土,不需要翻挖道路结构层。挖、填土方场内调运 40 m(55 kW 推土机推土),不考虑机械进退场。请按清单计价规范及江苏省市政工程计价表规则审核下表中污水工程相关工程量及费用。(余方弃运按 1 m³ 反铲挖掘机装土、8 吨自卸汽车、运 5 km,不考虑土源费;填方密实度:93%,机械回填;每座圆形污水检查井体积暂定 3.2 m³,井的直径 1 m,井底 C15 砼基础,直径 1.60 m、厚 20 cm,模板按组合木模,组织措施费不考虑。)

表 5-9 管道基本尺寸表

| 管内径 D | 管壁厚 t | 管基尺寸 | | | | 基础混凝土量 (m³/m) |
|---|---|---|---|---|---|---|
| | | O | B | C1 | C2 | |
| 1 000 | 85 | 128 | 1 426 | 128 | 293 | 0.389 |

图 5-15 基础断面图

图 5－16 工程起、终点

表 5－10 计价表工程量计算表

| 序号 | 项目名称 | 计算公式 | 单位 | 数量 |
|---|---|---|---|---|
| | 各节点处挖方深度 | 起 点：4.12－1.582＋0.213＝2.751 | | |
| | | W1 处：4.05－1.617＋0.213＝2.464 | | |
| | | W2 处：4.053－1.667＋0.213＝2.599 | | |
| | | W3 处：4.272－1.707＋0.213＝2.778 | | |
| | | W4 处：4.587－1.742＋0.213＝3.058 | | |
| | | 终 点：4.9－1.782＋0.213＝3.331 | | |
| | | 管道处挖方加深 0.085＋0.128＝0.213 米； | | |
| | 沟槽挖方总量 其中： | 沟槽宽度 1.426＋0.5×2＝2.426 米 | m³ | 1 808.86 |
| | 起点～W1 沟槽挖方 | 2.699×35×（2.426＋2.699×0.25）×1.025 | m³ | 300.24 |
| | W1～W2 沟槽挖方 | 2.623×50×（2.426＋2.623×0.25）×1.025 | m³ | 414.28 |
| | W2～W3 沟槽挖方 | 2.689×40×（2.426＋689×0.25）×1.025 | m³ | 341.58 |
| | W3～W4 沟槽挖方 | 2.918×35×（2.426＋2.918×0.25）×1.025 | m³ | 330.33 |
| | W4～终点沟槽挖方 | 3.195×40×（2.426＋3.195×0.25）×1.025 | m³ | 422.43 |
| 1 | 具体工程量： | | | |
| 2 | 机械挖三类土 | 1 808.86×90％ | m³ | 1 627.97 |
| 3 | 人工配合挖沟槽三类土 | 1 808.86×10％ | m³ | 180.89 |
| 4 | 沟槽土方回填 | 1 808.86－289.20 | m³ | 1 519.66 |
| | 构筑物所占体积 | 3.2×4＋（0.575×0.575×3.141 6＋0.389）×193.6 | m³ | 289.20 |
| 5 | 推土机推土 | 1 519.66×1.15 | m³ | 1747.61 |
| 6 | 余土弃置 | 1 808.86－1 747.61 | m³ | 61.25 |
| 7 | 砼基础 | 200－0.7×4 | m | 197.2 |
| 8 | 基础模板（措施工程量） | （0.128＋0.293）×2×（200－0.7×4） | m² | 166.04 |
| 9 | 排 D1000 钢筋砼管道 | 200－0.7×4 | m | 197.2 |

续 表

| 序号 | 项目名称 | 计算公式 | 单位 | 数量 |
|---|---|---|---|---|
| 10 | 钢丝网水泥砂浆接口 | $34.5/2+49/2+39/2+34/2+39.5/2=17+24+19+16+19$ | 口 | 95 |
| 11 | 管道闭水 | 200 | m | 200.00 |
| 12 | 污水检查井 | 4 | 座 | 4 |
| 13 | 基础模板 | $2×3.141\ 6×0.8×0.20×4$ | m² | 4.02 |
| 14 | 砌井井字架 | 4 | 座 | 4 |

表 5-11 分部分项工程费计算表

| 序号 | 定额编号 | 项目(子目)名称 | 单位 | 数量 | 定额基价 | 合价 |
|---|---|---|---|---|---|---|
| 一 | | 土石方工程 | | | | |
| 1 | 1-222 | 反铲挖掘机(斗容量 1.0 m³)不装车挖干土 | 1 000 m³ | 1.628 | 6 256.58 | 10 348.51 |
| 2 | 1-5×1.5 | 人工挖槽三类干土深度在 4(米以内) | 100 m³ | 1.809 | 5 441.94 | 9 844.47 |
| 3 | 1-68 | 55 kW 推土机推一、二类土 40(米) | 1 000 m³ | 1.809 | 8 362.39 | 15 127.56 |
| 4 | 1-389 | 填土夯实槽、坑 | 100 m³ | 15.20 | 1 298.67 | 19 739.78 |
| 5 | 1-68 | 55 kW 推土机推一、二土 40(米) | 1 000 m³ | 1.52 | 8 362.39 | 12 710.68 |
| 6 | 1-224 | 反铲挖掘机(斗容量 1.0 m³)装车 | 1 000 m³ | 0.061 | 7 724.36 | 471.19 |
| 7 | 1-279 | 8 吨自卸汽车,运 3 KM | 1 000 m³ | 0.061 | 14 032.78 | 856.00 |
| 二 | | 排水工程 | | | | |
| 8 | 6-5 | C10 平接(企口)式管道基础(120°)管径(1 000 mm 以内) | 100 m | 1.972 | 21 099.55 | 41 608.31 |
| 9 | 6-139 | 平接(企口)式人机配合下管钢筋砼管管径(1 000 mm 以内) | 100 m | 1.972 | 34 021 | 67 089.41 |
| 10 | 6-264 | 1:2.5 水泥砂浆钢丝网接口(180°管基)管径(1 000 mm 以内) | 10 个口 | 9.5 | 443.09 | 4 209.36 |
| 11 | 6-345 | 管道闭水试验 | 100 m | 2 | 1 156.26 | 2 312.52 |
| 12 | 6-465 | M7.5 水泥砂浆砖砌圆形污水检查井井径(1 000 mm),适用管径(200～600 mm),井深(2.5 m 以内) | 座 | 4 | 2 744.56 | 10 978.24 |

表 5-12 措施项目费计算表

| 序号 | 定额编号 | 子目名称 | 单位 | 数量 | 综合基价 | 合价 |
|---|---|---|---|---|---|---|
| 一 | | 混凝土、钢筋混凝土模板及支架 | | | | |
| 1 | 6-1521 | 现浇混凝土模板工程混凝土基础垫层木模(管座) | 100 m² | 1.66 | 4 636.73 | 7 696.97 |

| 序号 | 定额编号 | 子目名称 | 单位 | 数量 | 综合基价 | 合价 |
|------|----------|----------|------|------|----------|------|
| 2 | 6-1520 | 现浇混凝土模板工程混凝土基础垫层木模（井底平基） | 100(m²) | 0.040 | 4 689.66 | 187.59 |
| 二 | | 脚手架工程 | | | | |
| 3 | 6-1631 | 木制井字架井深(4 m 以内) | 座 | 4 | 146.85 | 587.4 |

### 2. 定型井

（1）本章包括各种定型的砖砌检查井、收水井，适用于 D700～D2400 间混凝土雨水、污水及合流管道所设的检查井和收水井。

（2）各类国标排水检查井按《市政排水管道工程及附属设施》(06MS201)及《给排水标准图集》(1996 年版)、省标井按《05 系列江苏省工程建设标准设计图集——给水排水图集》（苏 S01—2004）编制的，实际设计与定额不同时，可按第 3 章相应项目另行计算。

（3）各类井均为砖砌或混凝土砌，如为石砌时，采用第 3 章相应项目。

（4）各类井均按图集计列了抹灰费用，如设计与图集不同时，可套用第 3 章的相应项目。

（5）各类井的井盖、井座、井篦均系按铸铁件计列的（省标方形井除外），如采用钢筋混凝土预制件，除扣除定额中铸铁件外应按下列规定调整：现场预制，套用第 3 章相应定额。

（6）混凝土过梁的制作与安装，当小于 0.04 m³/件时，套用第 3 章小型构件项目；当大于 0.04 m³/件时，套用本章项目。

（7）各类检查井，当井深大于 1.5 m 时，可视井深、井字架材质套用第 7 章的相应项目。

（8）如遇三通、四通井，执行非定型井项目。

### 3. 非定型井、渠、管道基础及砌筑

（1）本章定额包括非定型井、渠、管道及构筑物垫层，基础，砌筑，抹灰，混凝土构件的制作、安装，检查井筒砌筑等，适用于本册定额各章非定型的工程项目。

（2）本章各项目均不包括脚手架，当井深超过 1.5 m 时，套用第 7 章井字脚手架项目；砌墙高度超过 1.2 m，抹灰高度超过 1.5 m，所需脚手架套用《第一册　通用项目》相应项目。

（3）本章所列各项目所需模板的制、安、拆，钢筋（铁件）的加工均执行第七章相应项目。

（4）收水井的混凝土过梁制作、安装套用小型构件的相应项目。

（5）跌水井跌水部位的抹灰，按流槽抹面项目执行。

（6）混凝土枕基和管座不分角度均按相应定额执行。

（7）干砌、浆砌出水口的平坡、锥坡、翼墙按《第一册　通用项目》的相应项目执行。

（8）本章小型构件是指单件体积在 0.04 m³ 以内的构件。凡大于 0.04 m³ 的检查井过梁，执行混凝土过梁制作安装项目。

（9）拱（弧）型混凝土盖板的安装，按相应体积的矩型板定额人工、机械乘以系数 1.15 执行。

（10）定额只计列了井内抹灰的子目，如井外壁需要抹灰，砖、石井均按井内侧抹灰项目人工乘以系数 0.8，其他不变。

（11）砖砌检查井的升高，执行检查井筒砌筑相应项目，降低则执行《第一册　通用项目》拆除构筑物相应项目。

（12）石砌体均按块石考虑，如采用片石或平石时，块石与砂浆用量分别乘以系数 1.09

和 1.19,其他不变。

(13) 给排水构筑物的垫层执行本章定额相应项目,其中人工乘以系数 0.87,其他不变;如构筑物池底混凝土垫层需要找坡时,其中人工不变。

(14) 现浇混凝土方沟底板,采用渠(管)道基础中平基的相应项目。

**例 5-4** 某一雨水管道工程,管道直径采用 DN1000 钢筋混凝土Ⅱ级管,管壁厚10 cm。雨水检查井设计采用 $\Phi$1 500 mm 雨水检查井(落底式),检查井采用砖砌非定型检查井(铸铁井盖、座),数量共 3 座,图中 $H=2.84$ m。检查井基础为 10 cm 碎石垫层、25 cm 厚 C25 砼,检查井考虑内外水泥砂浆粉刷,尺寸如下图 5-17 和 5-18 所示。已知:每块 C20 预制钢筋混凝土板(井室盖板 YBF)体积为 0.33 m³,每块 C20 预制钢筋混凝土(井室上盖板 YBC)体积为0.16 m³。预制钢筋混凝土板的钢筋和底板钢筋不考虑,井室盖板的模板不考虑。预制构件按现场预制考虑,不考虑预制构件的场内运输及地胎膜费用。砖墙洞口按竖直面,不考虑曲面因素。

(1) 计算本工程雨水检查井的清单工程量、计价定额工程量;

(2) 计算 $\Phi$1 500 mm 雨水检查井的工程量清单综合单价。

平面

Ⅰ-Ⅰ剖面

Ⅱ-Ⅱ剖面

**图 5-17　某雨水管管平、剖面图**

**解**

表 5-13　工程量计算表

| 序号 | 子目名称 | 计算公式 | 单位 | 数量 |
|---|---|---|---|---|
| 一 | 清单工程量 | | | |
| 1 | $\phi 1\,500$ mm 雨水检查井 | 3 | 座 | 3 |
| 二 | 计价表工程量 | | | |
| 1 | 10 cm 碎石垫层 | $V=3.14\times1.09\times1.09\times0.1\times3$ | m³ | 1.12 |
| 2 | 25 cm 厚 C25 砼基础 | $V=3.14\times1.04\times1.04\times0.25\times3$ | m³ | 2.55 |
| 3 | 砖砌非定型检查井24砖墙 | $V=(2\times3.14\times0.87\times2.1\times0.24-3.14\times0.6\times0.6\times0.24\times2$ | | |
| | | $+3.14\times0.99\times0.99\times0.18-3.14\times0.5\times0.5\times0.18-0.33$ | | |
| | | $+2\times3.14\times0.62\times0.24\times0.63)\times3$ | | |
| | | $=(2.754-0.543+0.554-0.141-0.33+0.589)\times3$ | | |
| | | $=2.883\times3$ | m³ | 8.65 |

| 序号 | 子目名称 | 计算公式 | 单位 | 数量 |
|---|---|---|---|---|
| 4 | 1∶2 水泥砂浆抹面(内) | $S=(2\times3.14\times0.75\times2.1-3.14\times0.6\times0.6\times2$ | | |
| | | $+2\times3.14\times0.5\times0.81)\times3$ | | |
| | | $=(9.891-2.261+2.543)\times3$ | | |
| | | $=10.173\times3$ | m² | 30.52 |
| 5 | 1∶2 水泥砂浆抹面(外) | $S=[2\times3.14\times0.99\times2.28-3.14\times0.6\times0.6\times2$ | | |
| | | $+(3.14\times0.99\times0.99-3.14\times0.74\times0.74)$ | | |
| | | $+2\times3.14\times0.74\times0.63]\times3$ | | |
| | | $=(14.175-2.261+1.358+2.928)\times3$ | | |
| | | $=16.2\times3$ | m² | 48.6 |
| 6 | 钢筋砼井室盖板预制 | $V=(0.33+0.16)\times1.01\times3$ | m³ | 1.48 |
| 7 | 钢筋砼井室盖板安装(每块体积在0.3 m³以内) | $V=0.16\times3$ | m³ | 0.48 |
| 8 | 钢筋砼井室盖板安装(每块体积在0.5 m³以内) | $V=0.33\times3$ | m³ | 0.99 |
| 9 | 雨水检查井盖框安装 | 3 | 套 | 3 |
| 10 | 现浇砼井基础模板 | $S=2\times3.14\times1.04\times0.25\times3$ | m² | 4.9 |
| 11 | 井字脚手架井深4 m以内 | 3 | 座 | 3 |

表 5-14　工程量清单综合单价分析表

| 项目编码 | 040504001001 | 项目名称 | 砖砌检查井 | 计量单位 | 座 | 工程量 | 3 |
|---|---|---|---|---|---|---|---|
| 清单综合单价组成明细 | | | | | | | |
| 编号 | 名称 | | 单位 | 工程量 | 基价 | | 合价 |
| 6-783 | 碎石非定型井垫层 | | 10 m³ | 0.112 | 1 939.20 | | 217.19 |
| 6-785 换 | C25 混凝土非定型井垫层 | | 10 m³ | 0.255 | 4 732.27 | | 1 206.73 |
| 6-786 换 | M10 圆形非定型井砌筑及抹灰 砖砌 | | 10 m³ | 0.865 | 5 296.31 | | 4 581.30 |
| 6-793 | 井内侧抹灰 砖墙 | | 100 m² | 0.305 2 | 2 506.99 | | 765.13 |
| 6-793 换 | 井外侧抹灰 砖墙 | | 100 m² | 0.486 | 2 142.45 | | 1 041.23 |
| 6-872 | 钢筋混凝土盖板、过梁的预制安装井室盖板 | | 10 m³ | 0.148 | 5 282.64 | | 781.83 |

续　表

| 编号 | 名称 | 单位 | 工程量 | 基价 | 合价 |
|---|---|---|---|---|---|
| 6-882 | 安装井室矩形盖板(每块体积在 0.3 m³ 以内) | 10 m³ | 0.048 | 1 345.95 | 64.61 |
| 6-883 | 安装井室矩形盖板(每块体积在 0.5 m³ 以内) | 10 m³ | 0.099 | 1 157.48 | 114.59 |
| 6-808 | 铸铁井盖、座安装 | 10 套 | 0.3 | 4 974.52 | 1 492.36 |
| 计价表合价汇总(元) | | | | | 10 264.97 |
| 清单项目综合单价(元) | | | | | 3 421.66 |

**4. 给排水构筑物**

(1) 沉井

① 沉井工程系按深度 12 m 以内,陆上排水沉井考虑的。水中沉井、陆上水冲法沉井以及离河岸边近的沉井,需要采取地基加固等特殊措施者,可执行《第四册　隧道工程》相应项目。

② 沉井下沉项目中已考虑了沉井下沉的纠偏因素,但不包括压重助沉措施,若发生可另行计算。

③ 沉井制作不包括外渗剂,若使用外渗剂时可按当地有关规定执行。

(2) 现浇钢筋混凝土池类

① 池壁遇有附壁柱时,按相应柱定额项目执行,其中人工乘以系数 1.05,其他不变。

② 池壁挑檐是指在池壁上向外出檐作走道板用;池壁牛腿是指池壁上向内出檐以承托池盖用。

③ 无梁盖柱包括柱帽及柱座。

④ 井字梁、框架梁均执行连续梁项目。

⑤ 混凝土池壁、柱(梁)、池盖是按在地面以上 3.6 m 以内施工考虑的,如超过 3.6 m 者按采用卷扬机施工的,每 10 m³ 混凝土增加卷扬机(带塔)和人工见下表;采用塔式起重机施工的,每 10 m³ 混凝土增加塔式起重机台班,按相应项目中搅拌机台班用量的 50% 计算。

表 5-15　人工工日和卷扬机台班

| 序号 | 项目名称 | 增加人工工日 | 增加卷扬机(带塔)台班 |
|---|---|---|---|
| 1 | 池壁、隔墙 | 8.7 | 0.59 |
| 2 | 柱、梁 | 6.1 | 0.39 |
| 3 | 池盖 | 6.1 | 0.39 |

⑥ 池盖定额项目中不包括进人孔,应按安装预算定额相应分册项目执行。

⑦ 格型池池壁执行直型池壁相应项目(指厚度)人工乘以系数 1.15,其他不变。

⑧ 悬空落泥斗按落泥斗相应项目人工乘以系数 1.4,其他不变。

(3) 预制混凝土构件

① 预制混凝土滤板中已包括了所设置预埋件 ABS 塑料滤头的套管用工,不得另计。

② 集水槽若需留孔时,按每 10 个孔增加 0.5 个工日计。

③ 除混凝土滤板、铸铁滤板、支墩安装外,其他预制混凝土构件安装均执行异型构件安装项目。

（4）施工缝

① 各种材质填缝的断面取定如下表。

表 5-16　各种材质填缝断面取定

| 序号 | 项目名称 | 断面尺寸 |
|------|----------|----------|
| 1 | 建筑油膏、聚氯乙烯胶泥 | 3 cm×2 cm |
| 2 | 油浸木丝板 | 2.5 cm×15 cm |
| 3 | 紫铜板止水带 | 展开宽 45 cm |
| 4 | 氯丁橡胶止水带 | 展开宽 30 cm |
| 5 | 其余均为 | 15 cm×3 cm |

② 如实际设计的施工缝断面与上表不同时,材料用量可以换算,其他不变。

③ 各项目的工作内容为:油浸麻丝,熬制沥青,调配沥青麻丝、填塞;油浸木丝板,熬制沥青、浸木丝板、嵌缝;玛蹄脂,熬制玛蹄脂、灌缝;建筑油膏、沥青砂浆,熬制油膏沥青,拌和沥青砂浆,嵌缝;贴氯丁橡胶片,清理、用乙酸乙酯洗缝,隔纸,用氯丁胶粘剂贴氯丁橡胶片,最后在氯丁橡胶片上涂胶砂;紫铜板止水带,铜板剪裁、焊接成型、铺设;聚氯乙烯胶泥,清缝、水泥砂浆勾缝,垫牛皮纸,熬灌取氯乙烯胶泥;预埋止水带,止水带制作、接头及安装;铁皮盖板,平面埋木砖、钉木条、木条上钉铁皮;立面埋木砖,木砖上钉铁皮。

（5）井、池渗漏试验

① 井池渗漏试验容量在 500 m³ 是指井或小型池槽。

② 井、池渗漏试验注水采用电动单级离心清水泵,定额项目中已包括了泵的安装与拆除用工,不得再另计。

③ 如构筑物池容量较大,需从一个池子向另一个池注水作渗漏试验采用潜水泵时,其台班单价可以换算,其他均不变。

（6）执行其他专业册的项目如下

① 构筑物的垫层执行本册第 3 章非定型井、渠砌筑相应项目。

② 构筑物混凝土项目中的钢筋、模板项目执行本册第 7 章相应项目。

③ 需要搭拆脚手架者,执行《第一册　通用项目》相应项目。

④ 泵站上部工程以及本章中未包括的建筑工程相应的项目应执行各地建筑工程预算定额。

⑤ 构筑物中的金属构件制作安装应执行《江苏省安装工程计价定额》相应册项目。

⑥ 构筑物的防腐、内衬工程金属面应执行《江苏省安装工程计价定额》相应项目,非金属面应执行《江苏省建筑与装饰工程预算定额》相应项目。

**5. 模板、钢筋、井字架工程**

（1）本章定额包括现浇、预制混凝土工程所用不同材质模板的制、安、拆,钢筋、铁件的加工制作、拌料槽(筒),井字脚手架等项目,适用于本册及《第五册　给水工程》中的第 4、5 章。

（2）模板是分别按钢模钢撑、复合木模木撑、木模木撑区分不同材质分别列项的,其中钢模模数差部分采用木模。

（3）定额中现浇、预制项目中，均已包括了钢筋垫块或第一层底浆的工、料，及看模工日，套用时不得重复计算。

（4）预制构件模板中不包括地、胎模，须设置者，土地模可套用《第一册 通用项目》平整场地的相应项目；水泥砂浆、混凝土砖地、胎模套用《第三册 桥涵工程》的相应项目。

（5）模板安、拆以槽（坑）深 3 m 为准，超过 3 m 时，人工增加 8％系数，其他不变。

（6）现浇混凝土梁、板、柱、墙的模板，支模高度是按 3.6 m 考虑的，超过 3.6 m 时，超过部分的工程量另按超高的项目执行。

（7）模板的预留洞按水平投影面积计算，小于 0.3 m² 的，圆形洞每 10 个增加 0.72 工日，方形洞每 10 个增加 0.62 工日。

（8）小型构件是指单件体积在 0.04 m³ 以内的构件；地沟盖板项目适用于单块体积在 0.3 m³ 内的矩型板；井盖项目适用于井口盖板，井室盖板按矩形板项目执行，预留口按第 7 条规定执行。

（9）钢筋加工定额是按现浇、预制混凝土构件、预应力钢筋分别列项的，工作内容包括加工制作、绑扎（焊接）成型、安放及浇捣混凝土时的维护用工等全部工作，除另有说明外均不允许调整。

（10）各项目中的钢筋规格是综合计算的，子目中的"××以内"系指主筋最大规格，凡小于 $\phi 10$ 的构造筋均执行 $\phi 10$ 以内子目。

（11）定额中非预应力钢筋加工，现浇混凝土构件是按手工绑扎，预制混凝土构件是按手工绑扎、点焊综合计算的，加工操作方法不同不予调整。

（12）钢筋加工中的钢筋接头、施工损耗，绑扎铁丝及成型点焊和接头用的焊条均已包括在定额内，不得重复计算。

（13）后张法钢筋的锚固是按钢筋绑条焊，U 型插垫编制的，如采用其他方法锚固，应另行计算。

（14）定额中已综合考虑了先张法张拉台座及其相应的夹具、承力架等合理的周转摊销费用，不得重复计算。

（15）非预应力钢筋不包括冷加工，设计要求冷加工时另行计算。

（16）构件钢筋、人工和机械增加系数如下。

表 5-17 增加系数

| 项目 | 计算基数 | 现浇构件钢筋 | | 构筑物钢筋 | |
|---|---|---|---|---|---|
| | | 小型构件 | 小型池槽 | 矩形 | 圆形 |
| 增加系数 | 人工 机械 | 100％ | 152％ | 25％ | 50％ |

# 本章习题

1. 如下图所示，Y3 为 1 100 mm×1 250 mm 雨水落底井，井左侧主管管径为 ＿＿＿＿ mm，

井右侧主管管径为 ＿＿＿＿＿＿＿ mm，井上、下两侧支管管径为 ＿＿＿＿＿＿＿ mm；该检查井平行于主管方向的内尺寸（内径）为 ＿＿＿＿＿＿＿ mm，垂直于主管方向（平行于支管）方向的内尺寸（内径）为 ＿＿＿＿＿＿＿ mm；那么 Y3 井在左侧的 Y2～Y3 管段计算管道铺设长度时，应扣除 ＿＿＿＿＿＿＿ mm，Y3 井在右侧的 Y3～Y4 管段计算管道铺设长度时，应扣除 ＿＿＿＿＿＿＿ mm，Y3 井在上侧的 Y3－Y3－1 管段计算管道铺设长度时，应扣除 ＿＿＿＿＿＿＿ mm。

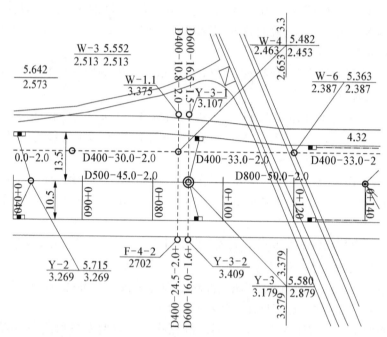

**2. 请查找相关资料，填写下表。**

| 井室平面形状 | 井身尺寸(mm) | 每座井应扣长度(mm) |
|---|---|---|
| 圆形 | $\phi$1 200 | |
| 圆形 | $\phi$1 500 | |
| 圆形 | $\phi$1 800 | |

**3. 请查找相关资料，填写下表。**

| 管座做法 | 调整基数/材料 | 调整系数 |
|---|---|---|
| 135°水泥砂浆接口 | | |
| 135°钢丝网水泥砂浆接口 | | |
| 90°水泥砂浆接口 | | |
| 90°钢丝网水泥砂浆接口 | | |
| 90°企口管膨胀水泥砂浆接口 | | |
| 120°企口管石棉水泥接口 | | |

# 第六章 桥涵工程计价

在城市道路建设中,为了跨越(如河流、沟谷、其他道路、铁路等)障碍的道路,必须修建各种类型的桥梁和涵洞。随着城市建设的高速发展,城市新型桥梁不断涌现,促进了新的施工机械、施工工艺、施工方法的形成与发展。

## 第一节 桥涵工程基础知识

### 一、桥梁的分类

#### 1. 桥梁结构的分类

桥梁的分类方法很多,可按照用途、建造材料、使用性质、行车道部分位置、桥梁跨越障碍物的不同条件分类。最基本的方法是按照桥梁的基本结构分类,主要有梁式桥、拱桥、刚架桥、悬索桥(吊桥)、斜拉桥。

桥梁的分类方法

(1)梁式桥

梁式桥是我国古代最普遍、最早出现的桥梁,古人称平桥。它的结构简单,外形平直,比较容易建造。桥梁以受弯矩为主的主梁作为承重构件的桥梁。主梁可以是实腹或空腹。按主梁的静力体系分为简支梁桥、连续梁桥和悬臂梁桥。

① 简支梁桥。主要以孔为单元,两端设有橡胶支座,是静定结构。一般适用于中小跨度,因结构简单,制造安装方便,也可工厂化施工,造价低等优点被广泛使用。

图 6-1 梁式桥

② 连续梁桥。主梁由若干孔为一联,连续支承在几个支座上,是超静定结构。当跨度较大时,采用连续梁较省材料,更适合悬臂拼装法或悬臂浇筑法施工。

③ 悬臂梁桥。上部结构由锚固孔、悬臂和悬挂孔组成,悬挂孔支承在悬臂上,用绞相连。有单悬臂梁桥和双悬臂梁桥。

梁式桥是桥梁有基本体系之一,使用广泛,在桥梁建造中占有很大的比例,其上部结构可以是木、钢、钢筋混凝土、预应力混凝土、钢混组合等结构。

(2)拱桥

拱桥是指在竖直平面以内拱作为上部结构主要承重构件的桥梁。拱桥的主要承重构件是拱圈或拱肋。在竖向荷载作用下,主要承受压力,同时也是承受弯矩。

　　拱桥可用砖、石、混凝土等抗压强度良好的材料建筑,大跨度拱桥则用钢筋混凝土或钢材建造,以承受发生的力矩。近年来,拱桥施工方法也有所创新:如中小跨径拱桥以预制拱肋为拱架,少支架施工为主,或采用悬砌方法,大跨径拱桥则采取分段纵向分条,横向分段,预制拱肋,无支架吊装,组合拼装与现浇相结合的施工方法,此外,在采用无支架转体施工方法建造拱桥也有不少成功的经验,如图6-2是传统拱桥,图6-3是组合拱桥。

图6-2　传统拱桥

图6-3　组合拱桥

　　(3)刚架桥

　　刚架桥的主要承重结构是梁或板和立柱或竖墙整体结合在一起的刚架结构,是一种介于梁与拱之间的一种结构体系,它是由受弯的上部梁(或板)结构与承压的下部柱(或墩)整体结合在一起的结构。由于梁和柱的刚性连接,梁因柱的抗弯刚度而得到卸荷作用,整个体系是压弯结构,也是有推力的结构。刚架桥施工较复杂,一般用于跨度不大的城市或公路的跨线桥和立交桥,图6-4是刚架桥。

　　(4)悬索桥(吊桥)

　　悬索桥,又名吊桥。是指以通过索塔悬挂并锚固于两岸的缆索作为上部结构主要承重构件的桥梁。其缆索几何形状由力的平衡条件决定,一般接近抛物线。从缆索垂直下许多吊杆,把桥面吊住,在桥面和吊杆之间常设置加劲梁,同缆索形成组合体系,以减少活载引起的挠度变形。

　　由于悬索桥可以充分利用材料的强度,并且有用料省、自重轻的特点,因此悬索桥在各种体系桥梁中的跨度能力最大,理论跨径可达1 000 m以上。

图6-4　刚架桥

图6-5　悬索桥

（5）斜拉桥

斜拉桥是将主梁用许多拉索直接拉在桥塔上的一种桥梁。它是由承压的塔,受拉的索和承弯的梁体组合起来的一种结构体系。其可看作是拉索代替支墩的多跨弹性支承连续梁。可使梁体内弯矩减小,降低建筑高度,减轻了结构自重,节省材料。斜拉桥的主梁形式:混凝土以箱式、板式、边箱中板为主。钢梁以正交异性极钢箱为主,也有边箱中板。一般来说,斜拉桥跨径300～1 000 m是比较合理的,在这样的跨径范围,斜拉桥与悬索桥相比,斜拉桥有较明显优势,如图6-6。

图6-6　斜拉桥

## 2. 按桥梁跨径分类

可根据桥梁的长度和跨径大小,将桥梁分为特大桥、大桥、中桥、小桥和涵洞。其划分标准见表6-1。

表6-1　桥梁按总长或跨径分类

| 桥梁分类 | 多孔跨径总长 $Ld$（m） | 单孔跨径总长 $Ld$（m） |
| --- | --- | --- |
| 特大桥 | $Ld \geqslant 500$ | $Ld \geqslant 100$ |
| 大桥 | $100 \leqslant Ld < 500$ | $40 \leqslant Ld < 100$ |
| 中桥 | $30 \leqslant Ld < 100$ | $20 \leqslant Ld < 40$ |
| 小桥 | $8 \leqslant Ld < 30$ | $5 \leqslant Ld < 20$ |
| 涵洞 | $Ld < 8$ | $Ld < 5$ |

注:1. 孔跨径系指标准跨径而言。
　　2. 多孔跨径总长,仅作为划分特大、大、中、小桥的一个指标,梁式桥、板式桥涵为多孔标准跨径的总长;拱式桥涵为两岸桥台内起拱线间的距离;其他形式的桥梁为桥面系车道长度。
　　3. 圆管涵及箱涵不论管径或跨径大小,孔数多少,均称为涵洞。

## 二、桥梁的基本组成

桥梁由桥跨结构、支座系统、桥墩、桥台、墩台基础等五大部件和桥面铺装、排水系统、栏杆、伸缩缝、灯光照明等五小部件组成。

图 6-7　梁桥和拱桥的基本组成

### 1. 五大部件

五大部件是指桥梁承受汽车或其他运输车辆荷载的桥垮上部结构与下部结构,它们必须通过承载力计算与分析,是桥梁结构安全性的保证。

图 6-8　桥梁五大部件示意图

（1）桥跨结构:线路跨越障碍（如江河、山谷或其他路线等）的结构物。

（2）支座系统:在桥跨结构与桥墩或桥台的支承处所设置的传力装置。它不仅要传递很大的荷载,并且还要保证桥跨结构能产生一定的变位。

（3）桥墩:是在河中或岸上支承桥跨结构的结构物。

（4）桥台:设在桥的两端,一边与路堤相接,以防止路堤滑塌;另一边则支承桥跨结构的端部。为保护桥台和路堤填土,桥台两侧常做锥形护坡、挡土墙等防护工程。

（5）墩台基础:是保证桥梁墩台安全并将荷载传至地基的结构。上述前两个部件是桥跨上部结构,后三个是桥跨下部结构。

### 2. 五小部件

五小部件是直接与桥梁服务功能有关的部件,过去总称为桥面构造。

（1）桥面铺装（或称行车道铺装）:指的是为保护桥面板和分布车轮的集中荷载,用沥青混凝土、水泥混凝土、高分子聚合物等材料铺筑在桥面板上的保护层。桥面铺装的形式有:水泥混凝土或沥青混凝土铺装。为使铺装层具有足够的强度和良好的整体性,一般宜在混凝土中铺设直径为 4～6 mm 的钢筋网。

图 6-9　桥面铺装

图 6-10　桥梁排水系统

（2）排水防水系统：应能迅速排出桥面积水，并使渗水的可能性降至最小限度。城市桥梁排水系统应保持桥下无滴水和结构上无漏水现象。

① 桥面排水。在桥梁设计时要有一个完整的排水系统，在桥面上除设置纵横坡排水外，常常需要设置一定数量的泄水管。当桥面纵坡大于 2‰ 而桥长大于 50 m 时，就需要设置泄水管，一般顺桥长方向每隔 12～15 m 设置一个。泄水管可以沿行车道左右对称排列，也可以交错排列，其离缘石的距离为 200～500 mm。泄水管也可布置在人行道下面。

② 桥面防水。桥面防水层设置在桥面铺装层下面，它将透过铺装层渗下来的雨水汇集到排水设施（泄水管）排出。国内常用的为贴式防水层，由两层卷材（如油毡）和三层黏结材料（沥青砂胶）相间组合而成，一般厚 10～20 mm。桥面伸缩处应连续铺设，不可切断；桥面纵向应铺过桥台背；截面横向两侧，则应伸过缘石底面从人行道与缘石切缝里向上逃起 100 mm。

（3）栏杆（或防撞栏杆）：既是保持安全的构造措施，又是有利于观赏的最佳装饰件。是桥梁和建筑上的安全设施，要求坚固，且要注意美观。常见种类有：木制栏杆、石栏杆、不锈钢栏杆、铸铁栏杆、水泥栏杆、组合式防撞栏杆。

图 6-11　桥梁栏杆

图 6-12　桥梁伸缩缝

（4）伸缩缝：桥跨上部结构之间或桥跨上部结构与桥台端墙之间所设的缝隙，以保证结构在各种因素作用下的变位。为使行车舒适、不颠簸,桥面上要设置伸缩缝构造。为满足桥面变形的要求,通常在两梁端之间、梁端与桥台之间或桥梁的铰接位置上设置伸缩缝。要求

图 6-13 桥梁灯光照明

伸缩缝在平行、垂直于桥梁轴线的两个方向,均能自由收缩,牢固可靠,车辆行驶过时应平顺、无突跳与噪声;要能防止雨水和垃圾泥土渗入阻塞,安装、检查、养护、消除污物都要简易方便。在设置伸缩缝处,栏杆与桥而铺装都要断开。伸缩缝的类型有:型钢伸缩缝、镀锌薄钢板伸缩缝、橡胶伸缩缝等。

(5)灯光照明:现代城市中,大桥跨桥梁通常是一个城市的标志性建筑,大多数装置了灯光照明系统,构成了城市夜景的重要组成部分。

## 三、涵洞

涵洞是指设于路基下修筑于路面以下的排水孔道(过水通道),通过这种结构可以让水从公路的下面流过。用于跨越天然沟谷洼地排泄洪水,或横跨大小道路作为人、畜和车辆的立交通道,或农田灌溉作为水渠。涵洞主要由洞身、基础、端和翼墙等。按中国公路桥涵设计规范中规定:多跨桥梁的总长小于 8 m,或单孔跨度小于 5 m 者,也称涵洞,详见本书表 6-1 桥梁按总长或跨径分类。

涵洞按照构造形式分为圆管涵(图 6-14)、箱涵(图 6-15)和拱涵(图 6-16)、盖板涵(图 6-17)。涵洞截面上的最大水平尺寸为涵洞的孔径,如圆涵是以其内径为孔径,而箱涵、拱涵的孔径为其两侧边墙间的净距。

公路工程技术标准

过水涵洞进出口两端设圬工端墙、翼墙和用片石铺成的锥体,沟床和附近路堤坡面也要铺砌以防冲刷。

图 6-14 圆管涵

图 6-15 钢筋混凝土箱涵图

图 6-16　石砌拱涵

图 6-17　盖板涵

圆管涵可用不同材料的管节铺设在基础上。预制钢筋混凝土管、铸铁管、波纹铁管等，均可作为圆管涵管节。箱涵孔径较小时也可用预制钢筋混凝土箱型节段建成。孔径较大的箱涵和各种孔径的拱涵，通常都先用砌石或灌注混凝土修筑基础和边墙，而后在边墙上铺设预制钢筋混凝土盖板形成涵箱（称盖板箱涵），或砌筑拱圈形成拱涵。

## 四、桥涵工程定额说明

1.《第三册　桥涵工程》（以下简称本定额），包括打桩工程、钻孔灌注桩工程、砌筑工程、钢筋工程、现浇混凝土工程、预制混凝土工程、立交箱涵工程、安装工程、临时工程、装饰工程及省补充项目。

2. 本定额适用范围：

（1）单跨 100 m 以内的城镇桥梁工程。

（2）单跨 5 m 以内的各种板涵、拱涵工程（圆管涵套用《第六册　排水工程》定额，其中管道铺设及基础项目人工、机械费乘以系数 1.25）。

（3）穿越城市道路及铁路的立交箱涵工程。

3. 本定额编制依据：

现行的设计、施工及验收技术规范；

《江苏省市政工程计价表》（2004 年）；

《市政工程预算定额》；

《全国统一市政工程劳动定额》；

《全国统一建筑工程基础定额》（GJD-101—95）；

《公路工程预算定额》（JTG/T B06-02—2007）；

《上海市市政工程预算定额》（2000 年）。

4. 本册定额有关说明：

（1）预制混凝土及钢筋混凝土构件均属现场预制，不适用于独立核算、执行产品出厂价格的构件厂所生产的构配件。

（2）本册定额现浇混凝土均按现场拌制考虑。如需采用商品混凝土，按总说明中的有关办法计算。

（3）本册定额中提升高度按原地面标高至梁底标高 8 m 为界，若超过 8 m，超过部分其定额人工和机械台班数量乘以系数 1.25；本册定额河道水深取定为 3 m，若水深超过 3 m 时，超过部分其定额人工和机械台班数量乘以系数 1.25。

（4）过水涵定额的套用：如过水涵顶板直接作为桥面板，则过水涵套用本册相应子目计价，否则套用《第六册排水工程》相应子目计价。

（5）本册定额场内水平运距，除各章、节另有规定外，均已按 150 m 运距计算。

（6）本册定额中均未包括各类操作脚手架，发生时套用《第一册通用项目》有关项目。

# 第二节　打桩工程

## 一、打桩工程基础知识

"打桩"就是制作桩基础，桩基础就是桩和桩顶承台构成的深基础。桩根据受力情况分为摩擦桩和端承桩，摩擦桩是利用桩壁与周围的泥沙的摩擦来承受上部建筑结构的重量；端承桩是将桩打到地下坚实的地层，并把上部建筑结构的荷载通过桩身传到坚实地层。

本章讲的"打桩"，特指在预制场预制桩，在工点通过施打或者静力压桩的方式把桩打入土层中，构成的深基础的过程。用常见的钢筋混凝土预制桩施工举例，其施工工艺流程如图 6 - 18 所示。

图 6 - 18　钢筋混凝土预制桩施工工艺流程图

## 1. 桩的形式

桩的形式有：圆木桩、木板桩、钢筋混凝土方桩、钢筋混凝土板桩、钢筋混凝土管桩、钢管桩。

图 6 - 19　圆木桩

图 6 - 20　木板桩

图 6 - 21　钢筋混凝土方桩

图 6 - 22　钢筋混凝土板桩

图 6 - 23　钢筋混凝土管桩

图 6 - 24　钢管桩

**2. 打桩机械**

施打的机械主要有:简易打拔桩机、起重机械、静力压桩机、柴油打桩机等。

**3. 送桩**

在打桩时,由于打桩架底盘离地面有一定距离,不能将桩打入地面以

送桩和打桩的区别

图 6-25　送桩器送桩

下设计位置,而需要用打桩机和送桩机将预制桩共同送入土中,这一过程称为送桩。

在设计桩顶低于目前地面,且场地限制无法大面积开挖后再打桩时,打桩机械及交通无法开展的情况下,在现地面处打桩,用送桩器将桩顶打至地面以下。也有桩送桩的做法,但在一些地方是限制的。

**4. 接桩**

接桩方法

指由于一根桩的长度打不到设计规定的深度,所以需要将预制桩一根一根的连接起来继续向下打,直至打入设计的深度为止。将已打入的前一根桩顶端与后一根桩的下端相连接在一块的过程。接桩的方式常用的有浆锚接桩、焊接接桩、法兰接桩。

(1) 浆锚接桩

浆锚法是指接桩时,首先将上节桩对准下节桩,使四根锚筋插入筋孔,下落压梁并套住桩顶的方法。

图 6-26　浆锚接桩

(2) 焊接接桩

电焊焊接施工时焊前须清理接口处砂浆、铁锈和油污等杂质,坡口表面要呈金属光泽,加上定位板。接头处如有孔隙,应用锲形铁片全部填实焊牢。焊接坡口槽应分 3～4 层焊接,每层焊渣应彻底清除,焊接采用人工对称堆焊,预防气泡和夹渣等焊接缺陷。焊缝应连续饱满,焊好接头自然冷却 15 分钟后方可施压,禁止用水冷却或焊好即压。

(3) 法兰螺栓接桩

法兰螺栓连接法就是把两根桩,先各自固定在一个法兰盘上,两个法兰盘之间,加上法兰垫,用螺栓紧固在一起,完成了连接。

采用法兰接桩应符合下列规定:① 法兰结合处,可加垫沥青纸等材料,如法兰有不密贴处,应用薄钢片塞紧。② 法兰螺栓应逐个拧紧,并加设弹簧垫圈或加焊,防止锤击时螺栓松动。③ 桩的连接应按设计要求或有关规定进行。

图 6-27　焊接接桩

图 6-28　法兰螺栓接桩

图 6-29　法兰螺栓接桩

## 5. 按打拔工具桩的施工环境(水上、陆)分类

见下表。

表 6-2　水上、陆上打拔工具桩划分表

| 项目名称 | 说明 |
| --- | --- |
| 水上作业 | 距岸线>1.5 m,水深>2 m |
| 陆上作业 | 距岸线≤1.5 m 水深≤1 m |
| 水、陆作业各占50% | 1 m<水深≤2 m |

注:(1)岸线指施工期间最高水位时,水面与河岸的相交线。
　　(2)水深指施工期间最高水位时的水深度。
　　(3)水上打拔工具桩是按二艘驳船捆扎成船台作业。

## 二、打桩工程清单编制

　　打桩(桩基)工程量清单项目设置、项目特征描述的内容、计量单位及工程量计算规则,应按表6-3(规范表 C.1)的规定执行。

桩基础工程
清单编制

表 6-3 桩基(编号:040301)

| 项目编码 | 项目名称 | 项目特征 | 计量单位 | 工程量计算规则 | 工作内容 |
|---|---|---|---|---|---|
| 040301001 | 预制钢筋混凝土方桩 | 1. 地层情况<br>2. 送桩深度、桩长<br>3. 桩截面<br>4. 桩倾斜度<br>5. 混凝土强度等级 | 1. m<br>2. m³<br>3. 根 | 1. 以米计量,按设计图示尺寸以桩长(包括桩尖)计算<br>2. 以立方米计量,按设计图示桩长(包括桩尖)乘以桩的断面积计算<br>3. 以根计量,按设计图示数量计算 | 1. 工作平台搭拆<br>2. 桩就位<br>3. 桩机移位<br>4. 沉桩<br>5. 接桩<br>6. 送桩 |
| 040301002 | 预制钢筋混凝土管桩 | 1. 地层情况<br>2. 送桩深度、桩长<br>3. 桩外径、壁厚<br>4. 桩倾斜度<br>5. 桩尖设置及类型<br>6. 混凝土强度等级<br>7. 填充材料种类 | | | 1. 工作平台搭拆<br>2. 桩就位<br>3. 桩机移位<br>4. 桩尖安装<br>5. 沉桩<br>6. 接桩<br>7. 送桩<br>8. 桩芯填充 |
| 040301003 | 钢管桩 | 1. 地层情况<br>2. 送桩深度、桩长<br>3. 材质<br>4. 管径、壁厚<br>5. 桩倾斜度<br>6. 填充材料种类<br>7. 防护材料种类 | 1. t<br>2. 根 | 1. 以吨计量,按设计图示尺寸以质量计算<br>2. 以根计量,按设计图示数量计算 | 1. 工作平台搭拆<br>2. 桩就位<br>3. 桩机移位<br>4. 沉桩<br>5. 接桩<br>6. 送桩<br>7. 切割钢管、精割盖帽<br>8. 管内取土、余土弃置<br>9. 管内填芯、刷防护材料 |

(1) 地层情况按《市政工程工程量计算规范》(GB 50857—2013) 表 A.1-1 和表 A.2-1 的规定,并根据岩土工程勘察报告按单位工程各地层所占比例(包括范围值)进行描述。对于无法准确描述的地层情况,可注明由投标人根据岩土工程勘察报告自行决定报价。

表 A.1-1
表 A.2-1

(2) 各类混凝土预制桩以成品桩考虑,应包括成品桩购置费,如果用现场预制,应包括现场预制桩的所有费用。

(3) 项目特征中的桩截面、混凝土强度等级、桩类型等可直接用标准图代号或设计桩型进行描述。

(4) 打试验桩和打斜桩应按相应项目编码单独列项,并应在项目特征中注明试验桩或斜桩(斜率)。

(5) 项目特征中的桩长应包括桩尖,空桩长度=孔深-桩长,孔深为自然地面至设计桩底的深度。

### 三、打桩工程清单报价

#### 1. 打桩工程计价工程量计算

（1）打桩：

① 钢筋混凝土方桩、板桩按桩长度（包括桩尖长度）乘以桩横断面面积计算；

② 钢筋混凝土管桩按长度（包括桩尖长度）乘以桩横断面面积，减去空心部分体积计算；

③ 钢管桩按成品桩考虑，以"t"计算。

计算公式：$W=(D-\delta)\times\delta\times0.024\,6\times L/1\,000$

式中：$W$——钢管桩重量(t)

$D$——钢管桩直径(mm)

$\delta$——钢管桩壁厚(mm)

$L$——钢管桩长度(m)

（2）焊接桩型钢用量可按实调整。

（3）送桩：

① 陆上打桩时，以原地面平均标高增加1 m为界线，界线以下至设计桩顶标高之间的打桩实体积为送桩工程量；

② 支架上打桩时，以当地施工期间的最高潮水位增加0.5 m为界线，界线以下至设计桩顶标高之间的打桩实体积为送桩工程量；

③ 船上打桩时，以当地施工期间的平均水位增加1 m为界线，界线以下至设计桩顶标高之间的打桩实体积为送桩工程量。

#### 2. 打桩工程定额应用

（1）定额内容包括打木制桩、打钢筋混凝土桩、静压预制钢筋混凝土方桩、打拔钢板桩、打管桩、送桩、接桩等项目。

（2）定额中土质类别均按甲级土考虑。乙级土按甲级土定额人工乘以系数1.3，机械乘以系数1.43。丙级土按甲级土定额人工乘以系数1.75，机械乘以系数2.00。参数选择查看土质划分表。

（3）本章定额均为打直桩，如打斜桩（包括俯打、仰打）斜率在1∶6以内时，人工乘以1.33，机械乘以系数1.43。

（4）本章定额均考虑在已搭置的支架平台上操作，但不包括支架平台，其支架平台的搭设与拆除应按本册第9章有关项目计算。

（5）陆上打桩采用履带式柴油打桩机时，不计陆上工作平台费，可计20 cm碎石垫层，面积按陆上工作平台面积计算。

（6）船上打桩定额按两艘船只拼搭、捆绑考虑。

（7）打板桩定额中，均已包括打、拔导向桩内容，不得重复计算。

（8）陆上、支架上、船上打桩定额中均未包括运桩。

（9）送桩定额按送4 m为界，如实际超过4 m时，按相应定额乘以下列调整系数：送桩5 m以内，乘以系数1.2；送桩6 m以内，乘以系数1.5；送桩7 m以内，乘以系数2.0；送桩

7 m 以上，以调整后 7 m 为基础，每超过 1 m 递增系数 0.75。

（10）静压桩定额中土壤级别已综合考虑，执行中不换算。预制钢筋混凝土方桩制作费，另按第 6 章有关规定计算。

（11）截除余桩可套用本册第 9 章临时工程凿除桩顶钢筋混凝土相应子目。

**例 6-1** 如图 6-30 所示，自然地坪标高 0.6 m，桩顶标高 −0.3 m，设计桩长 20 m（包括桩尖，单根桩长 10 m）。桥台基础共 6 个，每个基础设 4 根预制钢筋混凝土方桩，采用浆锚接桩，试计算陆上打桩、接桩与送桩的直接工程费。

**解** 1. 打桩：$V=0.4\times0.4\times20\times6\times4=76.8$ m³

套定额 3-19 基价=1 607 元/10 m³

直接工程费=160.7×76.8=12 341.76 元

2. 接桩：$n=1\times6\times4=24$ 个

套定额 3-64 基价=157.12 元/个

直接工程费=157.12×24=3 770.88 元

3. 送桩：$V=0.4\times0.4\times(1+0.6+0.3)\times24=7.296$ m

套定额 3-84 基价=4 757.69 元/10 m³

直接工程费=475.8×13.25=3 471.21 元

**例 6-2** 某单跨小型桥梁，采用桥梁桩基础如图 6-31 所示，混凝土强度等级均为 C30，土层均为黏土，请列项并计算桩基清单工程量。

**图 6-30 送桩**

（a）柱基平面图

（b）横剖面图

**图 6-31 桥梁柱基基础图**

**解** 在图上可知，该桥梁两侧桥台下均采用 C30 钢筋混凝土方桩。但由于桩截面尺寸不同，故该桥梁工程桩基有两个清单项目，应分别计算其工程量。

| 项目编码 | 项目名称 | 项目特征 | 计量单位 | 工程数量 |
|---|---|---|---|---|
| 040301001001 | 预制钢筋混凝土方桩 | 1. 地层情况:黏土<br>2. 桩长:15 m<br>3. 桩截面:0.4 m×0.4 m<br>4. 桩倾斜度:垂直<br>5. 混凝土强度等级:C30 | m | 12×4=48 m |
| 040301001001 | 预制钢筋混凝土方桩 | 1. 地层情况:黏土<br>2. 桩长:15.5 m<br>3. 桩截面:0.5 m×0.5 m<br>4. 桩倾斜度:垂直<br>5. 混凝土强度等级:C30 | m | 13.5×4=54 m |

# 第三节　钻孔灌注桩工程

## 一、钻孔灌注桩工程基础知识

钻孔灌注桩是指采用不同的钻孔方法,在土中形成一定直径的井孔,达到设计标高后,将钢筋骨架(笼)吊入井孔中,灌注混凝土形成的桩基础。

**钻孔灌注桩**

### 1. 埋设钢护筒

在钻孔灌注桩中,常埋设钢护筒来定位需要钻的桩位。护筒为钢护筒,壁厚 10 mm,护筒定位时,先以桩位中心为圆心,根据护筒半径在土上定出护筒位置,护筒就位后,施加压力将护筒埋入约 50 cm。如下压困难,可先将孔位处的土体挖出一部分,然后安放护筒埋入地下。在埋入过程中应检查护筒是否垂直,若发现偏斜,应及时纠正。陆上护筒埋放就位后,将护筒外侧用黏土回填压实,以防止护筒四周出现漏水现象,回填厚度约 40～45 cm,顶端高度高出(水面)地面 0.4～0.6 m,筒位距孔心偏差不得大于 50 mm。

埋设钢护筒的作用:① 定位;② 保护孔口,以及防止地面石块掉入孔内;③ 保持泥浆水位(压力),防止坍孔;④ 桩顶标高控制依据之一;⑤ 防止钻孔过程中的沉渣回流。

**图 6-32　埋设钢护筒**

一般来说,护筒顶标高采用反循环钻时其顶部应高出地下水位 2.0 m;采用正循环钻时应高出地下水位 1.0~1.5 m;处于旱地时,护筒在满足上述条件的基础上还应高出地面 0.3 m。

### 2. 人工挖孔桩

人工挖孔桩施工

人工挖孔桩,工程名词,用人力挖土、现场浇筑的钢筋混凝土桩。人工挖孔桩一般直径较粗,最细的也在 800 毫米以上,能够承载楼层较少且压力较大的结构主体,目前应用比较普遍。桩的上面设置承台,再用承台梁拉结、连系起来,使各个桩的受力均匀分布,用以支承整个建筑物。人工挖孔灌注桩是指桩孔采用人工挖掘方法进行成孔,然后安放钢筋笼,浇注混凝土而成的桩。

人工挖孔桩施工方便、速度较快,不需要大型机械设备,挖孔桩要比木桩、混凝土打入桩抗震能力强,造价比冲锥冲孔、冲击锥冲孔、冲击钻机冲孔、回旋钻机钻孔、沉井基础节省,应用广泛。但挖孔桩井下作业条件差、环境恶劣、劳动强度大,安全和质量显得尤为重要。

图 6-33　人工挖孔桩

### 3. 回旋钻机钻孔

回旋钻机钻孔灌注桩技术被誉为“绿色施工工艺”,其特点是工作效率高、施工质量好、尘土泥浆污染少。旋挖钻机是一种多功能、高效率的灌注桩桩孔的成孔设备,可以实现桅杆垂直度的自动调节和钻孔深度的计量;旋挖钻机施工是利用钻杆和钻斗的旋转,以钻斗自重并加液压作为钻进压力,使土屑装满钻斗后提升钻斗出土。通过钻斗的旋转、挖土、提升、卸土和泥浆置换护壁,反复循环而成孔。吊放钢筋笼、灌注砼、后压浆等同其他水下钻孔灌注桩工艺。

旋挖钻机一般适用黏土、粉土、砂土、淤泥质土、人工回填土及含有部分卵石、碎石的地层。目前,旋挖钻机的最大钻孔直径为 3 m,最大钻孔深度达 120 m,最大钻孔扭矩 620 KN·m。

图 6-34　回旋钻机钻孔

#### 4. 冲击锤成孔

冲击式钻机是灌注桩基础施工的一种重要钻孔机械,它能适应各种不同地质情况,特别是卵石层中钻孔,冲击式钻机较之其他型式钻机适应性强。同时,用冲击式钻机造孔,成孔后,孔壁四周形成一层密实的土层,对稳定孔壁,提高桩基承载能力均有一定作用。冲机钻孔是利用钻机的曲柄连杆机构,将动力的回转运动改变为往复运动,通过钢丝绳带动冲锤上下运动。通过冲锤自由下落的冲击作用,将卵石或岩石破碎,钻渣随泥浆(或用掏渣筒)排出。

冲孔灌注桩
施工工艺

#### 5. 泥浆池的建造

现场设泥浆池(含回浆用沉淀池及泥浆储备池)一般为钻孔容积的 1.5～2.0 倍,要有较好的防渗能力。在沉淀池的旁边设置渣土区,沉渣采用反铲清理后放在渣土区,保证泥浆的巡回空间和存储空间。

制备泥浆的设备有两种,一是用泥浆搅拌机,二是用水力搅拌器。使用黏土粉造浆时最好用水力搅拌器;使用膨润土造浆时用泥浆搅拌机。

护壁泥浆再生处理:施工中采用重力沉降除渣法,即利用泥浆与土渣的相对密度差使土渣产生沉淀以排除土渣的方法。现场设置回收泥浆池用作回收护壁泥浆使用,泥浆经沉淀净化后,输送到储浆池中,在储浆池中进一步处理(加入适量纯碱和 CMC 改善泥浆性能),经测试合格后重复使用。

图 6-35　泥浆池

为了环保要求,泥浆需要集中处理,不能直接排往天然水体。

#### 6. 钻孔桩灌注混凝土

灌注混凝土从工艺上来说,人工挖孔桩不需要水下灌注混凝土,回旋钻孔和冲击锤成孔都需要浇筑水下混凝土。泥浆护壁成孔灌注混凝土的浇筑是在水中或泥浆中进行的,故称为浇筑水下混凝土。水下混凝土宜比设计强度提高一个强度等级,必须具备良好的和易性,配合比应通过试验确定。水下混凝土浇筑常用导管法。

a—装第一斗混凝土;b—排走导管内水或泥浆;c—混凝土向上推进
1—隔水塞;2—导管;3—接头;4—混凝土

图 6-36　导管法浇筑水下混凝土

浇筑时,先将导管内及漏斗灌满混凝土,其量保证导管下端一次埋入混凝土面以下0.8 m以上,然后剪断悬吊隔水栓的钢丝,混凝土拌和物在自重作用下迅速排出球塞进入水中。

## 二、钻孔灌注桩工程清单编制

桩基工程量清单项目设置、项目特征描述的内容、计量单位及工程量计算规则,应按表表6-4(规范表C.1)的规定执行。

表6-4 桩基(编号:040301)

| 项目编码 | 项目名称 | 项目特征 | 计量单位 | 工程量计算规则 | 工作内容 |
|---|---|---|---|---|---|
| 040301004 | 泥浆护壁成孔灌注桩 | 1. 地层情况<br>2. 空桩长度、桩长<br>3. 桩径<br>4. 成孔方法<br>5. 混凝土种类、强度等级 | 1. m<br>2. m³<br>3. 根 | 1. 以米计量,按设计图示尺寸以桩长(包括桩尖)计算<br>2. 以立方米计量,按不同截面在桩长范围内以体积计算<br>3. 以根计量,按设计图示数量计算 | 1. 工作平台搭拆<br>2. 桩机移位<br>3. 护筒埋设<br>4. 成孔、固壁<br>5. 混凝土制作、运输、灌注、养护<br>6. 土方、废浆外运<br>7. 打桩场地硬化及泥浆池、泥浆沟 |
| 040301005 | 沉管灌注桩 | 1. 地层情况<br>2. 空桩长度、桩长<br>3. 复打长度<br>4. 桩径<br>5. 沉管方法<br>6. 桩尖类型<br>7. 混凝土种类、强度等级 | | 1. 以米计量,按设计图示尺寸以桩长(包括桩尖)计算<br>2. 以立方米计量,按设计图示桩长(包括桩尖)乘以桩的断面积计算<br>3. 以根计量,按设计图示数量计算 | 1. 工作平台搭拆<br>2. 桩机移位<br>3. 打(沉)拔钢管<br>4. 桩尖安装<br>5. 混凝土制作、运输、灌注、养护 |
| 040301006 | 干作业成孔灌注桩 | 1. 地层情况<br>2. 空桩长度、桩长<br>3. 桩径<br>4. 扩孔直径、高度<br>5. 成孔方法<br>6. 混凝土种类、强度等级 | | | 1. 工作平台搭拆<br>2. 桩机移位<br>3. 成孔、扩孔<br>4. 混凝土制作、运输、灌注、振捣、养护 |
| 040301007 | 挖孔桩土(石)方 | 1. 土(石)类别<br>2. 挖孔深度<br>3. 弃土(石)运距 | m³ | 按设计图示尺寸(含护壁)截面积乘以挖孔深度以立方米计算 | 1. 排地表水<br>2. 挖土、凿石<br>3. 基底钎探<br>4. 土(石)方外运 |

| 项目编码 | 项目名称 | 项目特征 | 计量单位 | 工程量计算规则 | 工作内容 |
|---|---|---|---|---|---|
| 040301008 | 人工挖孔灌注桩 | 1. 桩芯长度<br>2. 桩芯直径、扩底直径、扩底高度<br>3. 护壁厚度、高度<br>4. 护壁材料种类、强度等级<br>5. 桩心混凝土种类、强度等级 | 1. m³<br>2. 根 | 1. 以立方米计量,按桩心混凝土体积计算<br>2. 以根计量,按设计图示数量计算 | 1. 护壁制作、安装<br>2. 混凝土制作、运输、灌注、振捣、养护 |
| 040301009 | 钻孔压浆桩 | 1. 地层情况<br>2. 桩长<br>3. 钻孔直径<br>4. 骨料品种、规格<br>5. 水泥强度等级 | 1. m<br>2. 根 | 1. 以米计量,按设计图示尺寸以桩长计算<br>2. 以根计量,按设计图示数量计算 | 1. 钻孔、下注浆管、投放骨料<br>2. 浆液制作、运输、压浆 |
| 040301010 | 灌注桩后注浆 | 1. 注浆导管材料、规格<br>2. 注浆导管长度<br>3. 单孔注浆量<br>4. 水泥强度等级 | 孔 | 按设计图示以注浆孔数计 | 1. 注浆导管制作、安装<br>2. 浆液制作、运输、压浆 |
| 040301011 | 截桩头 | 1. 桩类型<br>2. 桩头截面、高度<br>3. 混凝土强度等级<br>4. 有无钢筋 | 1. m³<br>2. 根 | 1. 以立方米计量,按设计桩截面乘以桩头长度以体积计算<br>2. 以根计量,按设计图示数量计算 | 1. 截桩头<br>2. 凿平<br>3. 废料外运 |
| 040301012 | 声测管 | 1. 材质<br>2. 规格型号 | 1. t<br>2. m | 1. 以吨计量,按设计图示尺寸以质量计算<br>2. 以米计量,按设计图示尺寸以长度计算 | 1. 检测管截断、封头<br>2. 套管制作、焊接<br>3. 定位、固定 |

(1) 泥浆护壁成孔灌注桩是指在泥浆护壁条件下成孔,采用水下灌注混凝土的桩。其成孔方法包括冲击钻成孔、冲抓锥成孔、回旋钻成孔、潜水钻成孔、泥浆护壁的旋挖成孔等。

(2) 沉管灌注桩的沉管方法包括锤击沉管法、振动沉管法、振动冲击沉管法、内夯沉管法等。

(3) 干作业成孔灌注桩是指不用泥浆护壁和套管护壁的情况下,用钻机成孔后,下钢筋笼,灌注混凝土的桩,适用于地下水位以上的土层使用。其成孔方法包括螺旋钻成孔、螺旋钻成孔扩底、干作业的旋挖成孔等。

（4）混凝土灌注桩的钢筋笼制作、安装，按附录J钢筋工程中相关项目编码列项。

（5）本表工作内容未含桩基础的承载力检测、桩身完整性检测。

### 三、钻孔灌注桩清单报价

（1）本章定额包括埋设钢护筒，人工挖孔、卷扬机带冲抓锥、冲击钻机、回旋钻机四种成孔方式及泥浆制作运输、灌注混凝土、灌注混凝土桩接桩等项目。

（2）本章定额适用于桥涵工程钻孔灌注桩基础工程。

（3）本章定额钻孔土质分为八种：

① 砂土：粒径不大于2 mm的砂类土，包括淤泥、轻亚黏土。

② 黏土：亚黏土、黏土、黄土，包括土状风化岩。

③ 砂砾：粒径2～20 mm的角砾、圆砾含量小于或等于50%，包括礓石黏土及粒状风化。

④ 砾石：粒径2～20 mm的角砾、圆砾含量大于50%，有时还包括粒径为20～200 mm的碎石、卵石，其含量在50%以内，包括块状风化。

⑤ 卵石：粒径20～200 mm的碎石、卵石含量大于10%，有时还包括块石、漂石，其含量在10%以内，包括块状风化。

⑥ 软石：各种松软、胶结不紧、节理较多的岩石及较坚硬的块石土、漂石土。

⑦ 次坚石：硬的各类岩石，包括粒径大于500 mm、含量大于10%的较坚硬的块石、漂石。

⑧ 坚石：坚硬的各类岩石，包括粒径大于1 000 mm、含量大于10%的坚硬的块石、漂石。

（4）成孔定额按孔径、深度和土质划分项目，若超过定额使用范围，应另行计算。

（5）埋设钢护筒定额中钢护筒按摊销量计算，若在深水作业，钢护筒无法拔出时，经建设单位签证后，可按钢护筒实际用量（或参考下表重量）减去定额数量一次增列计算，但该部分费用作为独立费。

表6-5　钢护筒延米用量计算表

| 桩径(mm) | 800 | 1 000 | 1 200 | 1 500 | 2 000 |
|---|---|---|---|---|---|
| 每米护筒重量(kg/m) | 155.37 | 184.96 | 286.06 | 345.09 | 554.99 |

（6）灌注桩混凝土均考虑混凝土水下施工，按机械搅拌，在工作平台上导管倾注混凝土。定额中已包括设备（如导管等）摊销及扩孔增加的混凝土数量，不得另行计算。

（7）截除余桩可套用本册第9章临时工程凿除桩顶钢筋混凝土相应子目。

（8）定额中不包括在钻孔中遇到障碍必须清除的工作，发生时另行计算。

（9）泥浆制作定额按普通泥浆考虑，使用其他材料制作者，不予调整。

（10）泥浆池、泥浆罐根据施工组织设计另行考虑。

**例6-1** 某桥梁钻孔灌注桩基础，土层均为砂性土，采用泥浆护壁回旋钻成孔桩工艺，桩径为1.2 m，桩顶设计标高0.00 m，桩底设计标高为-28 m，根据图示共计24根桩，桩身采用C25钢筋混凝土。请根据以上描述列清单项，并计算清单工程量。

**解**

| 项目编码 | 项目名称 | 项目特征 | 计量单位 | 工程量计算 |
|---|---|---|---|---|
| 040301004001 | 泥浆护壁成孔灌注桩 | 1. 地层情况:砂土<br>2. 桩长:28 m<br>3. 桩径:1.2 m<br>4. 成孔方法:回旋钻<br>5. 混凝土强度等级:C25 | m | 28×24＝672 m |
| 040301011001 | 截桩头 | 1. 桩径:1.2 m<br>2. 高度:1.5 m<br>3. 混凝土强度等级:C25<br>4. 有无钢筋:有 | 根 | 24 根 |

**例 6-2**　某高架桥基础打桩工程,陆上成孔。需打 $\phi 1\,500$ mm 钻孔灌注桩 40 根,设计桩长为 30 m,入岩深度为 2 m,上部护筒设 2 m,采用 C30 水下混凝土,试计算工程量并套用定额。

**解**　(1) 埋设钢护筒:40×2＝80 m

　　　套 3-115　基价＝5 984.79 元/10 m

　　　直接工程费＝80×5 984.79/10＝47 878.32 元

(2) 钻孔桩成孔:30×40＝1 200 m

　　　套 3-148　基价＝3 231.72 元/10 m

　　　直接工程费＝1 200×3 231.72/10＝387 806.40 元

(3) 泥浆制作:工程量等于成孔体积的三倍＝3×30×3.14×$(1.5÷2)^2$×40＝6 358.5 $m^3$

　　　套 3-212　基价＝301.96 元/10 $m^3$

　　　直接工程费＝6 358.5×301.96/10＝192 001.266 元

(4) 泥浆运输:工程量等于成孔体积＝30×3.14×$(1.5÷2)^2$×40＝2 119.5 $m^3$

　　　套 3-213　基价＝1 527.5 元/10 $m^3$

　　　直接工程费＝2 119.5×1 527.5/10＝323 753.625 元

(5) 灌注混凝土 C25:需要考虑超灌 1 m

　　　(30＋1)×3.14×$(1.5÷2)^2$×40＝2 190.15 $m^3$

　　　套 3-216　基价＝5 991.44 元/10 $m^3$

　　　直接工程费＝2 190.15×5 991.44/10＝13 122 152.32 元

# 第四节　砌筑工程

## 一、砌筑工程基础知识

### 1. 浆砌块石、料石

浆砌石是使用胶结材料的块石砌体。石块依靠胶结材料的粘结力、摩擦力和石块本身重量,保持建筑物稳定。

　　块石指的是符合工程要求的岩石,经开采并加工而成的形状大致方正的石块。主要有花岗石块石、砂石块石等。在桥梁工程中浆砌块石,常用于桥墩台身、拱圈、锥坡等。

　　料石(也称条石)是由人工或机械开拆出的较规则的六面体石块,用来砌筑建筑物用的石料。按其加工后的外形规则程度可分为:毛料石,粗料石,半细料石和细料石四种。按形状可分为:条石、方石及拱石。料石按加工面的平整程度分为细料石、半细料石、粗料石和毛料石四种。料石的宽度、厚度均不宜小于 200 mm,长度不宜大于厚度的 4 倍。在桥梁工程中浆砌块石,常用于桥墩台身、挡墙、侧墙、栏杆、帽石、缘石、拱圈等。

　　砌筑砂浆分为现场配制砂浆和预拌砌筑砂浆。现场配制砂浆又分为水泥砂浆(M30、M25、M20、M15、M10、M7.5、M5 七个强度等级)和水泥混合砂浆(M15、M10、M7.5、M5 四个强度等级)。

### 2. 浆砌混凝土预制块

　　混凝土预制块是将干硬砼通过挤压、振动等方法在专用模具中成型后形成的混凝土预制块。

## 二、砌筑工程清单编制

　　砌筑工程量清单项目设置、项目特征描述的内容、计量单位及工程量计算规则,应按表表 6-6(规范表 C.5)的规定执行。

**表 6-6　砌筑(编号:040305)**

| 项目编码 | 项目名称 | 项目特征 | 计量单位 | 工程量计算规则 | 工作内容 |
|---|---|---|---|---|---|
| 040305001 | 垫层 | 1. 材料品种、规格<br>2. 厚度 | m³ | 按设计图示尺寸以体积计算 | 垫层铺筑 |
| 040305002 | 干砌块料 | 1. 部位<br>2. 材料品种、规格<br>3. 泄水孔材料品种、规格<br>4. 滤水层要求<br>5. 沉降缝要求 | | | 1. 砌筑<br>2. 砌体勾缝<br>3. 砌体抹面<br>4. 泄水孔制作、安装<br>5. 滤层铺设<br>6. 沉降缝 |
| 040305003 | 浆砌块料 | 1. 部位<br>2. 材料品种、规格<br>3. 砂浆强度等级<br>4. 泄水孔材料品种、规格<br>5. 滤水层要求<br>6. 沉降缝要求 | | | |
| 040305004 | 砖砌体 | | | | |
| 040305005 | 护坡 | 1. 材料品种<br>2. 结构形式<br>3. 厚度<br>4. 砂浆强度等级 | m² | 按设计图示尺寸以面积计算 | 1. 修整边坡<br>2. 砌筑<br>3. 砌体勾缝<br>4. 砌体抹面 |

（1）干砌块料、浆砌块料和砖砌体应根据工程部位不同，分别设置清单编码。

（2）本节清单项目中"垫层"指碎石、块石等非混凝土类垫层。

## 三、砌筑工程清单报价

### 1. 砌筑工程量计算

（1）砌筑工程量按设计粉砌体尺寸以"$m^3$"体积计算，嵌入砌体中的钢管、沉降缝、伸缩缝以及单孔面积在 0.3 $m^2$ 以内的预留孔所占体积不予扣除。

（2）拱圈底模工程量按模板接触砌体的面积计算。

### 2. 砌筑工程定额应用

（1）本章定额包括浆砌块石、料石、混凝土预制块和砖砌体等项目。

（2）本章定额适用于砌筑高度在 8 m 以内的桥涵砌筑工程。本章定额未列的砌筑项目，可套用《第一册通用项目》有关定额。

（3）砌筑定额中未包括垫层、拱背和台背的填充项目，如发生上述项目，可套用有关定额。

（4）拱圈底模定额中不包括拱盔和支架，可套用本册第 9 章有关项目。

（5）定额中调制砂浆，均按砂浆拌和机拌和，如采用人工拌制时，定额不予调整。

（6）本章挡墙适用于桥涵及其引道范围。

**例 6-3**　某工程 M10 水泥砂浆、块石砌筑墩台，试确定定额编号及基价。

**解**　套用 3-227 浆砌块石墩台身

基价＝4 028.5 元/10 $m^3$

# 第五节　钢筋工程

## 一、钢筋工程基础知识

### 1. 钢筋制作、安装

钢筋加工工序多，包括钢筋调直、冷拔、切断、除锈、弯制、焊接或绑扎成型等，而且钢筋的规格和型号尺寸也比较多

（1）钢筋混凝土结构所用钢筋的品种、规格、性能等均应符合设计要求和现行国家标准《钢筋混凝土用钢第 1 部分：热轧光圆钢筋》(GB 1499.1—2017)，《钢筋混凝土用钢第 2 部分：热轧带肋钢筋》(GB 1499.2—2018)，《冷轧带肋钢筋》(GB/T 13788—2017)和《环氧树脂涂层钢筋》(JG 3042—1997)等的规定。

（2）钢筋应按不同钢种、等级、牌号、规格及生产厂家分批验收，确认合格后方可使用。

（3）钢筋在运输、储存、加工过程中应防止锈蚀、污染和变形。

（4）钢筋的级别、种类和直径应按设计要求采用。当需要代换时，应由原设计单位作变更设计。

（5）圆钢和螺纹钢是对不同种类钢筋的通俗叫法，它们之间的不同主要有以下五点：第一，外形不同。圆钢的外表面是光滑的；螺纹钢的外表面带有螺旋形的肋。第二，

生产标准不同。在现行标准中,圆钢指 HPB235 级钢筋,它的生产标准是《钢筋混凝土用热轧光圆钢筋》(GB 13013);螺纹钢一般指 HRB335 及 HRB400 级钢筋,它的生产标准是《钢筋混凝土用热轧带肋钢筋》(GB 1499)。第三,强度不同。圆钢(HPB235)的设计强度为 210 MPa;螺纹钢的强度较圆钢要高,HRB335 的设计强度为 300 MPa;HRB400 的设计强度为 360 MPa。第四,钢种不同,也就是说化学成份不同。圆钢(HPB235)属碳素钢,钢种是 Q235;螺纹钢属低合金钢,HRB335 级钢筋是 20MnSi(20锰硅);HRB400 级钢筋是 20MnSiV 或 20MnSiNb 或 20MnTi 等。第五,物理力学性能不同。由于钢筋的化学成分和强度的不同,因此在物理力学性能方面有所不同。圆钢的冷弯性能较好,可以作 180 度的弯钩,螺纹钢只能作 90 度的直钩;圆钢的可焊性较好,用普通碳素焊条即可,螺纹钢须用低合金焊条;螺纹钢在韧性、抗疲劳性能方面较圆钢好。

(6)钻孔灌注桩的钢筋笼,一般由螺纹钢和圆钢配合制作而成。

**2. 预应力钢筋制作、安装**

预应力混凝土是预应力钢筋混凝土的简称,此项技术在桥梁工程中得到普遍应用。按照施加混凝土预应力的方法分为先张法和后张法。

(1)先张法为在混凝土浇筑之前张拉预应力钢筋,在混凝土达到规定强度后放张,预应力通过混凝土对预应力钢筋的握裹力传递和建立。后张法是在混凝土达到强度后,在混凝土预设的孔道中穿入预应力钢筋,然后张拉,通过锚具对混凝土施加预应力。先张法、后张法用来保持预应力的工具是夹具、锚具。

(2)预应力混凝土结构所采用预应力筋的质量应符合现行国家标准《预应力混凝土用钢丝》(GB/T 5223—2014),《无粘结预应力钢绞线》(JG/T 161—2016)等规范的规定。每批钢丝、钢绞线、钢筋应由同一牌号、同一规格、同一生产工艺的产品组成。

(3)后张有粘结预应力混凝土结构中,预应力筋的孔道一般由浇筑在混凝土中的刚性或半刚性孔道构成。一般工程可由钢管抽芯、胶管抽芯或金属伸缩套管抽芯预留压浆孔道。浇筑在混凝土中的管道应具有足够强度和刚度,不允许有漏浆现象,且能按要求传递粘结力。

图 6-37　夹具、锚具

图 6-38　后张法预留压浆孔道

## 二、钢筋工程清单编制

（1）钢结构工程量清单项目设置、项目特征描述的内容、计量单位及工程量计算规则，应按表6-7（规范表C.7）的规定执行。

桥涵钢筋工程
清单编制

表6-7　钢结构（编码：040307）

| 项目编码 | 项目名称 | 项目特征 | 计量单位 | 工程量计算规则 | 工作内容 |
|---|---|---|---|---|---|
| 040307001 | 钢箱梁 | 1. 材料品种、规格<br>2. 部位<br>3. 探伤要求<br>4. 防火要求<br>5. 补刷油漆品种、色彩、工艺要求 | t | 按设计图示尺寸以质量计算。不扣除孔眼的质量，焊条、哪钉、螺栓等不另增加质量 | 1. 拼装<br>2. 安装<br>3. 探伤<br>4. 涂刷防火涂料<br>5. 补刷油漆 |
| 040307002 | 钢板梁 | | | | |
| 040307003 | 钢和梁 | | | | |
| 040307004 | 钢拱 | | | | |
| 040307005 | 劲性钢结构 | | | | |
| 040307006 | 钢结构叠合梁 | | | | |
| 040307007 | 其他钢构件 | | | | |
| 040307008 | 悬（斜拉）索 | 1. 材料品种、规格<br>2. 直径<br>3. 拉强度<br>4. 防护方式 | | 按设计图示尺寸以质量计算 | 1. 拉索安装<br>2. 张拉、索力调整、锚固<br>3. 防护壳制作、安装 |
| 040307009 | 钢拉杆 | | | | 1. 连接、紧锁件安装<br>2. 钢拉杆安装<br>3. 钢拉杆防腐<br>4. 钢拉杆防护壳制作、安装 |

（2）钢筋工程量清单项目设置、项目特征描述的内容、计量单位及工程量计算规则，应按表6-8（规范表J.1）的规定执行。

表 6-8　钢筋工程(编码:040901)

| 项目编码 | 项目名称 | 项目特征 | 计量单位 | 工程量计算规则 | 工作内容 |
|---|---|---|---|---|---|
| 040901001 | 现浇构件钢筋 | 1. 钢筋种类 2. 钢筋规格 | t | 按设计图示尺寸以质量计算 | 1. 制作 2. 运输 3. 安装 |
| 040901002 | 预制构件钢筋 | | | | |
| 040901003 | 钢筋网片 | | | | |
| 040901004 | 钢筋笼 | | | | |
| 040901005 | 先张法预应力钢筋(钢丝、钢绞线) | 1. 部位 2. 预应力筋种类 3. 预应力筋规格 | | | 1. 张拉台座制作、安装、拆除 2. 预应力筋制作、张拉 |
| 040901006 | 后张法预应力钢筋(钢丝束、钢绞线) | 1. 部位 2. 预应力筋种类 3. 预应力筋规格 4. 锚具种类、规格 5. 砂强度等级 6. 压浆管材质、规格 | | | 1. 预应力筋孔道制作、安装 2. 锚具安装 3. 预应力筋制作、张拉 4. 安装压浆管道 5. 孔道压浆 |
| 040901007 | 型钢 | 1. 材料种类 2. 材料规格 | | | 1. 制作 2. 运输 3. 安装、定位 |
| 040901008 | 植筋 | 1. 材料种类 2. 材料规格 3. 植入深度 4. 植筋胶品种 | 根 | 按设计图示数量计算 | 1. 定位、钻孔、清孔 2. 钢筋加工成型 3. 注胶、植筋 4. 抗拔试验 5. 养护 |
| 040901009 | 预埋铁件 | | t | 按设计图示尺寸以质量计算 | 1. 制作 2. 运输 3. 安装 |
| 040901010 | 高强螺栓 | 1. 材料种类 2. 材料规格 | 1. t 2. 套 | 1. 以吨计量,按设计图示尺寸以质量计算 2. 以套计量,按设计图示数量计算 | |

① 现浇构件中伸出构件的锚固钢筋、预制构件的吊钩和固定位置的支撑钢筋等,应并入钢筋工程量内。除设计标明的搭接外,其他施工搭接不计算工程量,由投标人在报价中综合考虑。

② 钢筋工程所列"型钢"是指劲性骨架的型钢部分。

③ 凡型钢与钢筋组合(除预埋铁件外)的钢格栅,应分别列项。

④ 钢筋清单项目应先区别非预应力钢筋、预应力钢筋,其中预应力钢筋还应区别先张

法预应力钢筋、后张法预应为钢筋；其次以部位、规格、材质等项目特征划分不同的具体清单项目，并分别计算工程量。

### 三、钢筋及钢结构工程清单报价

#### 1. 钢筋及钢结构工程工程量计算

（1）钢筋按设计数量套用相应定额计算（损耗已包括在定额中）。设计未包括的施工用钢筋经建设单位签证后可另计。

（2）T 型梁连接钢板项目按设计图纸以"t"为单位计算。

（3）锚具工程量按设计用量乘以下列系数计算：锥形锚，1.02；OVM 锚，1.02；墩头锚，1.00。

（4）管道压浆不扣除预应力钢筋体积。

#### 2. 预算定额的应用

（1）本章定额包括桥涵工程各种钢筋、高强钢丝、钢绞线、预埋铁件的制作安装等项目。

（2）定额中钢筋按 $\phi 10$ 以内及 $\phi 10$ 以外两种分列，钢板均按 Q235B 钢板计列，预应力筋采用Ⅳ级钢、钢绞线和高强钢丝。因设计要求采用钢材与定额不符时，可予以调整。

（3）因束道长度不等，故定额中未列锚具数量，但已包括锚具安装的人工费。

（4）先张法预应力筋制作、安装定额，未包括张拉台座，该部分可套相应定额。

（5）压浆管道定额中的铁皮管、波纹管均已包括套管及三通管安装费用，但未包括三通管费用，可另行计算。

（6）本章定额中钢绞线按 $\phi s15.20$、束长在 40 m 以内考虑，如规格不同或束长超过 40 m 时，应另行计算。

# 第六节　现浇混凝土工程

桥墩的类型

## 一、现浇混凝土工程基础知识

### 1. 实体桥墩（台）

实体桥墩（台）是指依靠自身重量来平衡外力而保持稳定的桥墩。它一般适宜荷载较大的大、中型桥梁，或流冰、漂浮物较多的江河之中。此类桥墩的最大缺点是圬工体积较大，因而其自重大、阻水面积也较大。

特点：

（1）利用自身重量（包括桥跨结构重）平衡外力，而保证桥墩的稳定。

（2）圬工结构：砖、石、砼结构，不设受力钢筋仅配构造钢筋。

（3）缺点：圬工体积大，自重和阻水面积大，要求地基土承载力较高。

**图 6 - 39　实体桥墩**

### 2. 轻型桥墩(台)

针对重力式桥墩的缺点而出现的桥墩,具有外形轻盈美观,圬工量少,可减轻地基负荷,节省基础工程,便于用拼装结构或用滑升模板施工,有利于加速施工进度,提高劳动生产率等优点。实现轻型桥墩的主要途径为:改用强度较高的材料,改变桥墩的结构形式和桥墩受力情况。

(1)空心桥墩。外形似重力式桥墩,但它是中空的薄壁墩。可采用钢筋混凝土现浇或预应力混凝土拼装结构,较适用于高桥墩。

(2)构架式桥墩。以桁架、刚架为主体的轻型桥墩。在城市、公路桥上常采用 X 形、Y 形、V 形等刚架式桥墩,外形优美,结构新颖。

图 6-40  空心桥墩

图 6-41  Y 型桥墩

(3)薄壁桥墩。多为采用滑模施工的钢筋混凝土结构。因薄壁墩顺桥方向的尺寸纤细,受纵向水平力时易产生挠曲变形,故又称柔性桥墩。利用桥跨结构将若干个柔性桥墩顶和邻近的刚性桥墩(台)顶以铰或固结相连,形成多跨超静定结构,可使全桥纵向水平力主要由刚性桥墩(台)承担,极大地改善了柔性墩的受力情况。

(4)桩柱式桥墩。为桩式、双柱式、单柱式桥墩的统称。多采用就地灌筑钢筋混凝土建造,也有采用预制构件拼装,或将打入桩组成排架式墩的。在桩式或双柱墩中,桩(柱)的长细比较大时,也具有上述薄壁桥墩的特点,是柔性桥墩的另一种结构形式。

图 6-42  桩柱桥墩

图 6-43  梁桥重力式桥墩

### 3. 台帽、墩帽

台帽位于桥台上,上部荷载通过台帽传递给台身;墩帽位于桥墩上,上部荷载通过墩帽传递给墩身。

#### 4. 盖梁

盖梁指的是为支承、分布和传递上部结构的荷载，在排架桩墩顶部设置的横梁。又称帽梁。在桥墩（台）或在排桩上设置钢筋混凝土或少筋混凝土的横梁。主要作用是支撑桥梁上部结构，并将全部荷载传到下部结构。

图 6-44　盖梁

桥梁现浇砼
工程清单编制

### 二、现浇混凝土工程清单编制

现浇混凝土工程，工程量清单项目设置、项目特征描述的内容、计量单位及工程量计算规则按照表 6-9（规范表 C.3）规定执行。

表 6-9　现浇混凝土构件（编码：040303）

| 项目编码 | 项目名称 | 项目特征 | 计量单位 | 工程量计算规则 | 工作内容 |
|---|---|---|---|---|---|
| 040303001 | 混凝土垫层 | 混凝土强度等级 | m³ | 按设计图示尺寸以体积计算 | 1. 模板制作、安装、拆除<br>2. 混凝土拌和、运输、浇筑<br>3. 养护 |
| 040303002 | 混凝土基础 | 1. 混凝土强度等级<br>2. 嵌料（毛石）比例 | | | |
| 040303003 | 混凝土承台 | 混凝土强度等级 | | | |
| 040303004 | 混凝土墩（台）帽 | 1. 部位<br>2. 混凝土强度等级 | | | |
| 040303005 | 混凝土墩（台）身 | | | | |
| 040303006 | 混凝土支撑梁及横梁 | | | | |
| 040303007 | 混凝土墩（台）盖梁 | | | | |
| 040303008 | 混凝土拱桥拱座 | 混凝土强度等级 | | | |
| 040303009 | 混凝土拱桥拱肋 | | | | |
| 040303010 | 混凝土拱上构件 | 1. 部位<br>2. 混凝土强度等级 | | | |
| 040303011 | 混凝土箱梁 | | | | |
| 040303012 | 混凝土连续板 | 1. 部位<br>2. 结构形式<br>3. 混凝土强度等级 | | | |
| 040303013 | 混凝土板梁 | | | | |
| 040303014 | 混凝土板拱 | 1. 部位<br>2. 混凝土强度等级 | | | |

| 项目编码 | 项目名称 | 项目特征 | 计量单位 | 工程量计算规则 | 工作内容 |
|---|---|---|---|---|---|
| 040303015 | 混凝土挡墙墙身 | 1. 混凝土强度等级<br>2. 泄水孔材料品种、规格<br>3. 滤水层要求<br>4. 沉降缝要求 | m³ | 按设计图示尺寸以体积计算 | 1. 模板制作、安装、拆除<br>2. 混凝土拌和、运输、浇筑<br>3. 养护<br>4. 抹灰<br>5. 泄水孔制作、安装<br>6. 滤水层铺筑<br>7. 沉降缝 |
| 040303016 | 混凝土挡墙压顶 | 1. 混凝土强度等级<br>2. 沉降缝要求 | | | |
| 040303017 | 混凝土楼梯 | 1. 结构形式<br>2. 底板厚度<br>3. 混凝土强度等级 | 1. m²<br>2. m³ | 1. 以平方米计量,按设计图示尺寸以水平投影面积计算<br>2. 以立方米计量,按设计图示尺寸以体积计算 | 1. 模板制作、安装、拆除<br>2. 混凝土拌和、运输、浇筑<br>3. 养护 |
| 040303018 | 混凝土防撞护栏 | 1. 断面<br>2. 混凝土强度等级 | m | 按设计图示尺寸以长度计算 | |
| 040303019 | 桥面铺装 | 1. 混凝土强度等级<br>2. 沥青品种<br>3. 沥青混凝土种类<br>4. 厚度<br>5. 配合比 | m² | 按设计图示尺寸以面积计算 | 1. 模板制作、安装、拆除<br>2. 混凝土拌和、运输、浇筑<br>3. 养护<br>4. 沥青混凝土铺装<br>5. 碾压 |

续 表

| 项目编码 | 项目名称 | 项目特征 | 计量单位 | 工程量计算规则 | 工作内容 |
|---|---|---|---|---|---|
| 040303020 | 混凝土桥头搭板 | 混凝土强度等级 | m³ | 按设计图示尺寸以体积计算 | 1. 模板制作、安装、拆除<br>2. 混凝土拌和、运输、浇筑<br>3. 养护 |
| 040303021 | 混凝土搭板枕梁 | | | | |
| 040303022 | 混凝土桥塔身 | 1. 形状<br>2. 混凝土强度等级 | | | |
| 040303023 | 混凝土连系梁 | | | | |
| 04030302 4 | 混凝土其他构件 | 1. 名称、部位<br>2. 混凝土强度等级 | | | |
| 040303025 | 钢管拱混凝土 | 混凝土强度等级 | | | 混凝土拌和、运输、压注 |

（1）桥梁现浇混凝土清单项目应区别现浇凝土的结构部位、混凝土强度等级、碎石的最大粒径，划分设置不同的清单项目，并分别计算工程量。

（2）现浇混凝土项目包括的工程内容主要有混凝土浇筑、养生，不包括混凝土结构的钢筋制作安装、模板工程。钢筋制作安装按《计量规范》表 J.1 钢筋工程另列清单项目计算，现浇混凝土结构的模板列入施工措施项目计算。

## 三、现浇混凝土工程清单报价

### 1. 现浇混凝土工程工程量计算

（1）混凝土工程量计算：

① 预制桩工程量按桩长度（包括桩尖长度）乘以桩横断面面积计算。

② 预制空心构件按设计图尺寸扣除空心体积，以实体积计算。空心板梁的堵头板体积不计入工程量内，其消耗量已在定额中考虑。

③ 预制空心板梁，凡采用橡胶囊做内模的，考虑其压缩变形因素，可增加混凝土数量，当梁长在 16 m 以内时，可按设计计算体积增加 7％，若梁长大于 16 m 时，则增加 9％计算。若设计图已注明考虑橡胶囊变形，不得再增加计算。

④ 预应力混凝土构件的封锚混凝土数量并入构件混凝土工程量计算。

（2）模板工程量计算

① 预制构件中预应力混凝土构件及 T 形梁、箱形梁、I 形梁、双曲拱、桁架拱等构件均按模板接触混凝土的面积（包括侧模、底模）计算。

② 灯柱、端柱、栏杆等小型构件按平面投影面积计算。

③ 预制构件中非预应力构件按模板接触混凝土的面积计算，不包括胎模、地模。

④ 空心板梁中空心部分，本定额均采用橡胶囊抽拔，其摊销量已包括在定额中，不再计算空心部分模板工程量。

⑤ 预制箱梁中空心部分，可按模板接触混凝土的面积计算工程量。

### 2. 现浇混凝土工程定额应用

（1）本章定额包括预制桩、柱、板、梁及小型构件等项目。

（2）本章定额适用于桥涵工程现场制作的预制构件。

（3）本章定额中均未包括预埋铁件，如设计要求预埋铁件时，可按设计用量套用本册第4章有关项目。

（4）本章定额不包括地模、胎模费用，需要时可套用本册第九章有关定额计算。胎模、地模的占用面积按施工组织设计方案确定。

**例6-4** 某城市高架桥梁，采用支架上现浇混凝土箱梁C40，采用泵送商品混凝土，请确定定额编号及基价。

**解** 套用3-385

基价＝6 106.23 元/10 m³

# 第七节　预制混凝土工程

## 一、预制混凝土工程基础知识

### 1. 预制混凝土 T 型梁

T 型梁指横截面形式为 T 型的梁。两侧挑出部分称为翼缘，其中间部分称为梁肋（或腹板）。由于其相当于是将矩形梁中对抗弯强度不起作用的受拉区混凝土挖去后形成的。与原有矩形抗弯强度完全相同外，却既可以节约混凝土，又减轻构件的自重，提高了跨越能力。

### 2. 预制混凝土板梁

板梁指的是桥梁主梁断面形式，其中根据形态包括实心板梁，空心板梁等。

图 6-45　T 型梁

图 6-46　空心桥梁

### 3. 预制混凝土箱梁

桥箱梁内部为空心状，上部两侧有翼缘，类似箱子，因而得名。分单箱、多箱等。

钢筋混凝土结构的箱梁分为预制箱梁和现浇箱梁。在独立场地预制的箱梁结合架桥机可在下部工程完成后进行架设，可加速工程进度、节约工期；现浇箱梁多用于大型连续桥梁。目前常见的以材料分主要有两种，一是预应力钢筋砼箱梁，一是钢箱梁。其中，预应力钢筋砼箱梁为现场施工，除了有纵向预应力外，有些还设置横向预应力；钢箱梁一般是在工厂中加工好后再运至现场安装,有全钢结构,也有部分加钢筋砼铺装层。

图 6 - 47　预制混凝土箱梁

图 6 - 48　钢箱梁

## 二、预制混凝土工程清单编制

现浇混凝土工程,工程量清单项目设置、项目特征描述的内容、计量单位及工程量计算规则按照表 6 - 10(规范表 C.4)规定执行。

桥涵预制砼工程清单编制

表 6 - 10　预制混凝土构件(编码:040304)

| 项目编码 | 项目名称 | 项目特征 | 计量单位 | 工程量计算规则 | 工作内容 |
|---|---|---|---|---|---|
| 040304001 | 预制混凝土梁 | 1. 部位<br>2. 图集、图纸名称<br>3. 构件代号、名称<br>4. 混凝土强度等级<br>5. 砂浆强度等级 | m³ | 按设计图示尺寸以体积计算 | 1. 模板制作、安装、拆除<br>2. 混凝土拌和、运输、浇筑<br>3. 养护<br>4. 构件安装<br>5. 接头灌缝<br>6. 砂浆制作<br>7. 运输 |
| 040304002 | 预制混凝土柱 | | | | |
| 040304003 | 预制混凝土板 | | | | |
| 040304004 | 预制混凝土挡土墙墙身 | 1. 图集、图纸名称<br>2. 构件代号、名称<br>3. 结构形式<br>4. 混凝土强度等级<br>5. 泄水孔材料种类、规格<br>6. 滤水层要求<br>7. 砂浆强度等级 | | | 1. 模板制作、安装、拆除<br>2. 混凝土拌和、运输、浇筑<br>3. 养护<br>4. 构件安装<br>5. 接头灌缝<br>6. 泄水孔制作、安装<br>7. 滤水层铺设<br>8. 砂浆制作<br>9. 运输 |
| 040304005 | 预制混凝土其他构件 | 1. 部位<br>2. 图集、图纸名称<br>3. 构件代号、名称<br>4. 混凝土强度等级<br>5. 砂浆强度等级 | | | 1. 模板制作、安装、拆除<br>2. 混凝土拌和、运输、浇筑<br>3. 养护<br>4. 构件安装<br>5. 接头灌浆<br>6. 砂浆制作<br>7. 运输 |

### 三、预制混凝土工程清单报价

#### 1. 预制混凝土工程工程量计算

（1）混凝土工程量计算：

① 预制桩工程量按桩长度（包括桩尖长度）乘以桩横断面面积计算。

② 预制空心构件按设计图尺寸扣除空心体积，以实体积计算。空心板梁的堵头板体积不计入工程量内，其消耗量已在定额中考虑。

③ 预制空心板梁，凡采用橡胶囊做内模的，考虑其压缩变形因素，可增加混凝土数量，当梁长在 16 m 以内时，可按设计计算体积增加 7％，若梁长大于 16 m 时，则增加 9％计算。若设计图已注明考虑橡胶囊变形，则不得再增加计算。

④ 预应力混凝土构件的封锚混凝土数量并入构件混凝土工程量计算。

（2）模板工程量计算：① 预制构件中预应力混凝土构件及 T 形梁、箱形梁、I 形梁、双曲拱、桁架拱等构件均按模板接触混凝土的面积（包括侧模、底模）计算。

② 灯柱、端柱、栏杆等小型构件按平面投影面积计算。

③ 预制构件中非预应力构件按模板接触混凝土的面积计算，不包括胎模、地模。

④ 空心板梁中空心部分，本定额均采用橡胶囊抽拔，其摊销量已包括在定额中，不再计算空心部分模板工程量。

⑤ 预制箱梁中空心部分，可按模板接触混凝土的面积计算工程量。

#### 2. 预制混凝土工程定额说明

（1）本章定额包括预制桩、柱、板、梁及小型构件等项目。

（2）本章定额适用于桥涵工程现场制作的预制构件。

（3）本章定额中均未包括预埋铁件，如设计要求预埋铁件时，可按设计用量套用本册第 4 章有关项目。

（4）本章定额不包括地模、胎模费用，需要时可套用本册第九章有关定额计算。胎、地模的占用面积按施工组织设计方案确定。

**例 6-5** 某城市高架桥工程二标段长度为 96 m，桥面宽度 26 m，简支梁结构。采用预制小箱梁架设，每根小箱梁长度为 16 m，小箱梁之间横向联系采用 C50 混凝土后浇带，后浇带宽 0.25 m，如图 6-49 所示。请计算预制箱梁的混凝土工程量和模板工程量。

**图 6-49 箱梁结构示意图（单位：m）**

**解** 由图所知，小箱梁的宽度为 3.5 m，桥面总宽为 26 m，后浇带宽度为 0.25 m，所以在横断面上需要的箱梁数目为：$3.5x+(x-1)\times0.25=26$，故 $x=7$ 根。桥梁总长为 96 m，纵断面上需要 $96\div16=6$ 根，所以该标段共需小箱梁 42 根。

（1）制箱梁的混凝土工程量：

$$V=[3.5\times0.2+(3.5+2.5)\times0.5\times0.2+(2.5+2.0)\times0.5\times2.1-(1.5+2.0)\times0.5\times1.85+4\times0.5\times0.3\times0.3]\times16\times42=1\,994.16\ \text{m}^3$$

（2）模板工程量：

$$S=(3.5+2.0+2.7\times2+0.54\times2+0.2\times2+0.9+1.4+0.35\times4+1.75\times2)\times16\times42=13\,157.76\ \text{m}^2$$

# 第八节　立交箱涵工程

## 一、立交箱涵工程基础知识

当新建道路下穿铁路、公路、城市道路路基施工时，通常采用箱涵顶进施工技术。箱涵顶进主要是应用在已建造好的铁路或者公路的路基下面，顶进完成后类似于隧道的感觉。由于顶进箱涵施工法不影响既有铁路或者公路的通行，所以近年来应用非常广泛。如图所示，为立交箱涵完工后实景。

图 6-50　立交箱涵

箱涵顶进的施工步骤为：现场调查→工程降水→工作坑开挖→后背制作→滑板制作→铺设润滑隔离层→箱涵制作→顶进设备安装→既有线加固→箱涵试顶进→吃土顶进→监控量测→箱体就位→拆除加固设施→拆除后背及顶进设备→工作坑恢复。

### 1. 箱涵制作

为了避免不均匀沉降，在基坑需要施做滑板，在滑板上涂刷好润滑隔离层，即可进行箱涵制作。预制箱涵的内容及其先后程序为：

（1）安装模板（钢模或木模）；

（2）绑扎箱涵底板钢筋和一部分竖墙钢筋；

（3）浇筑底板和一部分竖墙混凝土；

（4）混凝土养护；

（5）支护内模；

（6）接高竖墙和顶板钢筋；

（7）支护外模；

（8）浇筑接高竖墙和顶板混凝土；

（9）混凝土养护；

（10）拆除所有外模；

（11）安装钢刃角和挖土工作台；

（12）涂刷箱涵外墙面及顶板部分的防水层。

**2. 箱涵顶进**

（1）箱涵顶进前检查工作

① 箱涵主体结构混凝土强度必须达到设计强度,防水层级保护层按设计完成。

**箱涵顶进**

② 顶进作业面包括路基下地下水位已降至基底下 500 mm 以下,并宜避开雨期施工,若在雨期施工,必须做好防洪及防雨排水工作。

③ 后背施工、线路加固达到施工方案要求;顶进设备及施工机具符合要求。

④ 顶进设备液压系统安装及预顶试验结果符合要求。

⑤ 工作坑内与顶进无关人员、材料、物品及设施撤出现场。

⑥ 所穿越的线路管理部门的配合人员、抢修设备、通信器材准备完毕。

（2）箱涵顶进启动

① 启动时,现场必须有主管施工技术人员专人统一指挥。

② 液压泵站应空转一段时间,检查系统、电源、仪表无异常情况后试顶。

③ 液压千斤顶顶紧后(顶力在 0.1 倍结构自重),应暂停加压,检查顶进设备、后背和各部位,无异常时可分级加压试顶。

④ 每当油压升高 5～10 MPa 时,需停泵观察,应严密监控顶镐、顶柱、后背、滑板、箱涵结构等部位的变形情况,如发现异常情况,立即停止顶进;找出原因采取措施解决后方可重新加压顶进。

⑤ 当顶力达到 0.8 倍结构自重时箱涵未启动,应立即停止顶进;找出原因采取措施解决后方可重新加压顶进。

⑥ 箱涵启动后,应立即检查后背、工作坑周围土体稳定情况,无异常情况,方可继续顶进。

（3）顶进挖土

① 根据箱涵的净空尺寸、土质情况,可采取人工挖土或机械挖土。一般宜选用小型反铲按设计坡度开挖,每次开挖进尺 0.4～0.8 m,配装载机或直接用挖掘机装汽车出土。顶板切土,侧墙刃脚切土及底板前清土须由人工配合。挖土顶进应三班连续作业,不得间断。

② 两侧应欠挖 50 mm,钢刃脚切土顶进。当属斜涵时,前端锐角一侧清土困难应优先开挖。如没有中刃脚时应紧切土前进,使上下两层隔开,不得挖通漏天,平台上不得积存土料。

③ 列车通过时严禁继续挖土,人员应撤离开挖面。当挖土或顶进过程中发生塌方,影响行车安全时,应迅速组织抢修加固,做出有效防护。

④ 挖土工作应与观测人员密切配合,随时根据箱涵顶进轴线和高程偏差,采取纠偏措施。

（4）顶进作业

① 每次顶进应检查液压系统、顶柱(铁)安装和后背变化情况等。

② 挖运土方与顶进作业循环交替进行。每前进一顶程,即应切换油路,并将顶进千斤顶活塞回复原位;按顶进长度补放小顶铁,更换长顶铁,安装横梁。

③ 箱涵身每前进一顶程,应观测轴线和高程,发现偏差及时纠正。

④ 箱涵吃土顶进前,应及时调整好箱涵的轴线和高程。在铁路路基下吃土顶进,不宜对箱涵敞较大的轴线、高程调整动作。

（5）监控与检查

① 箱涵顶进前,应对箱涵原始（预制）位置的里程、轴线及高程测定原始数据并记录。顶进过程中,每一顶程要观测并记录各观测点左、右偏差值;高程偏差值和顶程及总进尺。观测结果要及时报告现场指挥人员,用于控制和校正。

② 箱涵自启动起,对顶进全过程的每一个顶程都应详细记录千斤顶开动数量、位置,油泵压力表读数、总顶力及着力点。如出现异常应立即停止顶进,检查分析原因,采取措施处理后方可继续顶进。

图 6-51 立交箱涵顶进过程

③ 箱涵顶进过程中,每天应定时观测箱涵底板上设置的观测标钉高程,计算相对高差,展图,分析结构竖向变形。对中边墙应测定竖向弯曲,当底板侧墙出现较大变位及转角时应及时分析研究采取措施。

④ 顶进过程中要定期观测箱涵裂缝及开展情况,重点监测底板、顶板、中边墙,中继间牛腿或剪力铰和顶板前、后悬臂板,发现问题应及时研究采取措施。

（6）季节性施工技术措施

① 箱涵顶进应尽可能避开雨期。需在雨期施工时,应在汛期之前对拟穿越的路基、工作坑边坡等采取切实有效的防护措施。

② 雨期施工时应做好地面排水,工作坑周边应采取挡水围堰、排水截水沟等防止地面水流入工作坑的技术措施。

③ 雨期施工开挖工作坑（槽）时,应注意保持边坡稳定。必要时可适当放缓边坡坡度或设置支撑;并经常对边坡、支撑进行检查,发现问题要及时处理。

④ 冬雨期现浇箱涵场地上空宜搭设固定或活动的作业棚,以免受天气影响。

⑤ 冬雨期施工应确保混凝土入模温度满足规范规定或设计要求。

图 6-52 顶进基坑布置图

## 二、立交箱涵工程清单编制

立交箱涵工程,工程量清单项目设置、项目特征描述的内容、计量单位及工程量计算规则按照表 6-11（规范表 C.6）规定执行。

立交箱涵工程清单编制

表 6-11　交箱涵(编码:040306)

| 项目编码 | 项目名称 | 项目特征 | 计量单位 | 工程量计算规则 | 工作内容 |
|---|---|---|---|---|---|
| 040306001 | 透水管 | 1. 材料品种、规格<br>2. 管道基础形式 | m | 按设计图示尺寸以长度计算 | 1. 基础:铺筑<br>2. 管道铺设、安装 |
| 040306002 | 滑板 | 1. 混凝土强度等级<br>2. 石蜡层要求<br>3. 塑料薄膜品种、规格 | m³ | 按设计图示尺寸以体积计算 | 1. 模板制作、安装、拆除<br>2. 混凝土拌和、运输、浇筑<br>3. 养护<br>4. 涂石蜡层<br>5. 铺塑料薄膜 |
| 010306003 | 箱涵底板 | 1. 混凝土强度级<br>2. 混凝土抗渗要求<br>3. 防水层工艺要求 | | | 1. 模板制作、安装、拆除<br>2. 混凝土拌和、运输、浇筑<br>3. 养护<br>4. 防水层铺涂 |
| 010306004 | 箱涵侧墙 | | | | 1. 模板制作、安装、拆除<br>2. 混凝土拌和、运输、浇筑<br>3. 养护<br>4. 防水砂浆<br>5. 防水层铺涂 |
| 010306005 | 箱涵顶板 | | | | |
| 040306006 | 箱涵顶进 | 1. 断面<br>2. 长度<br>3. 弃土运距 | kt·m | 按设计图示尺寸以被顶箱涵的质量,乘以箱涵的位移距离分节累计计算 | 1. 顶进设备安装、拆除<br>2. 气垫安装、拆除<br>3. 气垫使用<br>4. 钢刃角制作、安装、拆除<br>5. 挖土实顶<br>6. 土方场内外运输<br>7. 中继间安装、拆除 |
| 040306007 | 箱涵接缝 | 1. 材质<br>2. 工艺要求 | m | 按设计图示止水带长度计算 | 接缝 |

## 三、立交箱涵工程清单报价

### 1. 立交箱涵工程量计算

(1)箱涵滑板下的肋楞,其工程量并入滑板内计算。

(2)箱涵混凝土工程量,不扣除单孔面积 0.3 m² 以下的预留孔洞体积。

(3)顶柱、中继间护套及挖土支架均属专用周转性金属构件,定额中已按摊销量计列,不得重复计算。

(4)箱涵顶进定额分空顶、无中继间实土顶和有中继间实土顶三类,其工程量计算如下:空顶工程量按空顶的单节箱涵重量乘以箱涵位移距离计算;实土顶工程量按被顶箱涵的重量乘以箱涵位移距离分段累计计算。

(5) 气垫只考虑在预制箱涵底板上使用,按箱涵底面积计算。气垫的使用天数由施工组织设计确定。但采用气垫后在套用顶进定额时应乘以系数0.7。

**2. 立交箱涵工程定额应用**

(1) 本章定额包括箱涵制作、顶进、箱涵内挖土等项目。

(2) 本章定额适用于现浇箱涵工程、穿越城市道路及铁路的顶推现浇立交箱涵工程。

(3) 本章定额顶进土质按Ⅰ、Ⅱ类土考虑。

(4) 定额中未包括箱涵顶进的后靠背设施等,其发生费用另行计算。

(5) 定额中未包括深基坑开挖、支撑及井点降水的工作内容,可套用有关定额计算。

(6) 立交桥引道的结构及路面铺筑工程,根据施工方法套用有关定额计算。

# 第九节　安装工程

## 一、安装工程基础知识

### 1. 安装排架立柱

排架是下面两排柱子,上面屋架,在这两排柱子上面的屋架之间放上一个板子形成个空间连续的结构。桥梁排架是桥梁下由排架支撑的一种结构。

安装桥梁排架的施工步骤为:施工准备→轴线、标高放测→排架立柱放线立柱施工→扫地杆施工→设置纵横向水平牵杆→立杆接高→设置纵横向水平牵杆→交替施工→加设垂直剪刀撑。

### 2. 安装梁

(1) 扒杆

扒杆式起重机制作简单、装拆方便,起重量较大(可达100 t以上),能用于其他起重机械不能安装的一些特殊、大型构件或设备。缺点是:起重半径小、移动困难,需拉设较多的缆风绳。常用的桅杆式起重机有:独脚扒(把)杆、人字扒(把)杆、悬臂扒(把)杆和牵缆式扒(把)杆。

图 6-53　独角扒杆

（2）双导梁

导梁式架桥机是以导梁作为承载移动支架利用起重装置与移动机具来吊装预制梁的机械设备。双导梁架桥机由双主导梁、支腿、吊梁小车、走向机构、横移机构、电控系统组成。主导梁一般采用箱型结构。主梁具有结构轻、易于加工、安全可靠抗扭刚度大的特点。

图 6 - 54　双导梁架桥机　　　　图 6 - 55　桥梁伸缩缝安装中

### 3. 安装伸缩缝

（1）伸缩缝安装时要根据温度情况确定相应的宽度，根据现场情况当地进行调整。

（2）在沥青铺装前用砂袋或底标号混凝土填充，缝内用泡沫塑料填充，沥青铺装后放线用锯缝机切缝，填充物清除。施工时特别注意，一定要把缝中所有垃圾清空，如有杂物，将对桥带来终身隐患。

（3）伸缩缝的安装严格按规定进行，安装前，应先对上部构造端部间的空隙宽度和预埋钢筋的位置进行检查，并将预留凹槽内砼打毛，清扫干净。安装时要确定好其中心线和高程，使其准确就位。对不符合设计要求的缝重新处理。

## 二、安装工程清单编制

安装工程量清单项目设置、项目特征描述的内容、计量单位及工程量计算规则按照表6-12(规范表C.4)规定执行。

桥涵安装工程
清单编制

表 6 - 12　预制混凝土构件 ( 编码 : 040304 )

| 项目编码 | 项目名称 | 项目特征 | 计量单位 | 工程量计算规则 | 工作内容 |
|---|---|---|---|---|---|
| 040304001 | 预制混凝土梁 | 1. 部位<br>2. 图集、图纸名称<br>3. 构件代号、名称<br>4. 混凝土强度等级<br>5. 砂浆强度等级 | m³ | 按设计图示尺寸以体积计算 | 1. 模板制作、安装、拆除<br>2. 混凝土拌和、运输、浇筑<br>3. 养护<br>4. 构件安装<br>5. 接头灌缝<br>6. 砂浆制作<br>7. 运输 |
| 040304002 | 预制混凝土柱 | | | | |
| 040304003 | 预制混凝土板 | | | | |

续　表

| 项目编码 | 项目名称 | 项目特征 | 计量单位 | 工程量计算规则 | 工作内容 |
|---|---|---|---|---|---|
| 040304004 | 预制混凝土挡土墙墙身 | 1. 图集、图纸名称<br>2. 构件代号、名称<br>3. 结构形式<br>4. 混凝土强度等级<br>5. 泄水孔材料种类、规格<br>6. 滤水层要求<br>7. 砂浆强度等级 | m³ | 按设计图示尺寸以体积计算 | 1. 模板制作、安装、拆除<br>2. 混凝土拌和、运输、浇筑<br>3. 养护<br>4. 构件安装<br>5. 接头灌缝<br>6. 泄水孔制作、安装<br>7. 滤水层铺设<br>8. 砂浆制作<br>9. 运输 |
| 040304005 | 预制混凝土其他构件 | 1. 部位<br>2. 图集、图纸名称<br>3. 构件代号、名称<br>4. 混凝土强度等级<br>5. 砂浆强度等级 | | | 1. 模板制作、安装、拆除<br>2. 混凝土拌和、运输、浇筑<br>3. 养护<br>4. 构件安装<br>5. 接头灌浆<br>6. 砂浆制作<br>7. 运输 |

### 三、安装工程清单报价

**1. 安装工程工程量计算**

本章定额安装预制构件以立方米为计量单位的,均按构件混凝土实体积(不包括空心部分)计算。

**2. 安装工程工程定额应用**

(1) 本章定额包括安装排架立柱、墩台管节、板、梁、小型构件、栏杆扶手、支座、伸缩缝等项目。

(2) 本章定额适用于桥涵工程混凝土构件的安装等项目。

(3) 小型构件安装已包括 150 m 场内运输,其他构件均未包括场内运输。

(4) 安装预制构件定额中,均未包括脚手架,如构件安装需要用脚手架时,可套用《第一册　通用项目》相应定额项目。

(5) 安装预制构件,应根据施工现场具体情况,采用合理的施工方法,套用相应定额。

(6) 除安装梁分陆上、水上安装外,其他构件安装均未考虑船上吊装,发生时可增计船只费用。

**例 6-6**　小型构件安装已包括(　　)m 场内运输,其他构件均未包括场内运输。

A. 50　　　　　　　B. 100　　　　　　　C. 150　　　　　　　D. 200

**答案**　C

**例 6-7**　起重机安装板梁,起重机 L≤10 m 陆上安装,请确定定额编号及基价。

**解**　3-463　基价=649.09 元/10 m³

**例 6-8** 某桥梁,采用梳型钢板伸缩缝,请确定定额编号及基价。

**解** 3-537 基价=1 821.80 元/10 m

# 第十节 临时工程

## 一、临时工程基础知识

### 1. 桥梁支架

采用支架法施工时,修建的临时用于承担桥梁荷载的支架,通常用钢管或竹子搭建的脚手架。根据桥梁施工相关规范,《公路桥涵施工技术规范 2011 版》,5.4.3 第五条规定"对安装完成的支架宜采用等载预压消除支架的非弹性变形,并观测支架顶面的沉落量";同时支架应满足17.2.2 现浇支架应满足下列要求 第五条"当在软弱地基上设置满布现浇支架时,应对地基进行处理,使地基的承载力满足现浇混凝土的施工荷载要求,浇筑混凝土时地基的沉降量不宜大于5 mm。无法确定地基承载力时,应对地基进行预压,并进行部分荷载试验。"

图 6-56 桥梁支架预压

图 6-57 挂篮

### 2. 挂篮

挂篮是桥梁悬臂施工中的主要设备,按结构形式可分为桁架式、斜拉式、型钢式及混合式 4 种。根据混凝土悬臂施工工艺要求及设计图纸对挂篮的要求,综合比较各种形式挂篮特点、重量、采用钢材类型、施工工艺等;挂篮设计原则:自重轻、结构简单、坚固稳定、前移和装拆方便、具有较强的可重复利用性,受力后变形小等特点,并且挂篮下空间充足,可提供较大施工作业面,利于钢筋模板施工操作。

所谓挂篮施工,是指浇筑较大跨径的悬臂梁桥时,采用吊篮方法,就地分段悬臂作业。它不需要架设支架和不使用大型吊机。挂篮施工较其他方法,具有结构轻、拼制简单方便、无压重等优点。挂篮在厂内进行制作,现场安装后进行预压,经过检查挂篮的安全性和检测导梁挠度,即可立箱梁的模板、绑扎钢筋、安装波纹管、浇筑砼。每浇完一对梁段,就进行预应力铺固,然后向前移动挂篮,进行下一段箱梁的浇筑,直到悬臂端为止。挂篮施工的主要特点:

(1) 能承受梁段自重及施工荷载;

(2) 刚度大,变形小;

梁式挂篮浇筑施工
过程(动画演示)

（3）结构轻巧，便于前移；

（4）适应范围大，底模架便于升降，适应不同的梁高。

## 二、临时工程清单编制

桥涵临时工程
清单编制

临时工程清单编制，应根据桥梁施工组织设计，合理的在表 6-3（规范表 C.1）桩基工程、表 6-9（规范表 C.3）现浇混凝土构件表中，选择对应清单项，并进行组价。

**例 6-9**　某泥浆护壁成孔灌注桩组价：

| 项目清单 | 项目特征 | 单位 | 工程量 |
|---|---|---|---|
| 040301004001<br>泥浆护壁成孔灌注桩 | 1. 地层情况：黏土，亚黏土<br>2. 桩长：58.5 m<br>3. 桩径：120 cm<br>4. 成孔方法：回旋钻机<br>5. 混凝土强度等级：C25 水下混凝土 | m | 1 058.4 |
| 定额编号 | 名称 | 单位 | |
| 3-108 | 钻孔灌注桩埋设钢护筒　陆上 Φ≤1 200 | m | 54 |
| 3-517 | 搭、拆桩基础陆上支架平台　锤重 2 500 kg | m² | 160.55 |
| 3-129 | 回旋钻孔机成孔　桩径 Φ1 200 mm 以内 | m³ | 1 294.90 |
| 3-149 | 回旋钻孔　灌注混凝土 | m³ | 1 202.51 |
| 3-144 | 泥浆池建造、拆除 | m³ | 1 294.90 |
| 3-145 | 泥浆运输运距 5 km 以内 | m³ | 1 294.90 |

根据以上例题，我们可以看出桩基工程的清单组价中，可能会用到临时工程的相关定额。在实际应用中，要考虑施工组织，合理组价。

## 三、临时工程清单报价

### 1. 临时工程工程量计算

（1）搭拆打桩工作平台面积计算：

① 桥梁打桩 $F = N_1 F_1 + N_2 F_2$

每座桥台（桥墩）$F_1 = (5.5 + A + 2.5) \times (6.5 + D)$

每条通道 $F_2 = 6.5 \times [L - (6.5 + D)]$

② 钻孔灌注桩 $F = N_1 F_1 + N_2 F_2$

每座桥台（桥墩）$F_1 = (A + 6.5) \times (6.5 + D)$

每条通道 $F_2 = 6.5 \times [L - (6.5 + D)]$

上述公式中：$F$——工作平台总面积（m²）；

$F_1$——每座桥台（桥墩）工作平台面积（m²）；

$F_2$——桥台至桥墩间或桥墩至桥墩间通道工作平台面积（m²）；

$N_1$——桥台和桥墩总数量；

$N_2$——通道总数量;

$D$——两排桩之间距离(m);

$L$——桥梁跨径或护岸的第一根桩中心至最后一根桩中心之间的距离(m);

$A$——桥台(桥墩)每排桩的第一根桩中心至最后一根桩中心之间的距离(m)。

图 6-58 工作平台面积计算示意图(注:图中尺寸均为 m,桩中心距为 $D$,通道宽 6.5 m。)

**图 6-58  工作平台面积计算示意图**

(2) 凡台与墩或墩与墩之间不能连续施工时(如不能断航、断交通或拆迁工作不能配合),每个墩、台可计一次组装、拆卸柴油打桩架及设备运输费。

(3) 桥涵拱盔、支架空间体积计算:

① 桥涵拱盔体积按起拱线以上弓形侧面乘以(桥宽+2 m)计算;

② 桥涵支架体积为结构底至原地面(水上支架为水上支架平台顶)。

**2. 临时工程定额应用**

(1) 本章定额内容包括桩基础支架平台、木垛、支架的搭拆,打桩机械、船排、万能杆件的组拆,挂篮的安拆和推移,胎、地模的筑拆及桩顶混凝土凿除、安拆临时支座及锚筋等项目。

(2) 本章定额支架平台适用于陆上、支架上打桩及钻孔灌注桩。支架平台分陆上平台与水上平台两类,其划分范围如下:

① 水上支架平台:凡河道施工期河岸线向陆地延伸 2.5 m 范围,均可套用水上支架平台。

② 陆上支架平台:除水上支架平台以外的陆地部分均可套陆上支架平台。

(3) 桥涵拱盔、支架均不包括底模及地基加固在内。

(4) 组装、拆卸船排定额中未包括压舱费用。压舱材料取定为大石块,并按船排总吨位的 30% 计取(包括装、卸在内 150 m 的二次运输费)。

(5) 打桩机械锤重的选择见下表。

**表 6-13  打桩机械锤重选择表**

| 桩类别 | 桩长度(m) | 桩截面积 S(m²)或管径 Φ | 柴油桩机锤重(kg) |
|---|---|---|---|
| 钢筋混凝土<br>方桩及板桩 | $L \leqslant 8$ | $S \leqslant 0.05$ | 600 |
| | $L \leqslant 8$ | $0.05 < S \leqslant 0.250$ | 1 200 |
| | $8 < L \leqslant 16$ | $0.105 < S \leqslant 0.125$ | 1 800 |

| 桩类别 | 桩长度(m) | 桩截面积 S(m²)或管径 Φ | 柴油桩机锤重(kg) |
|---|---|---|---|
| 钢筋混凝土<br>方桩及板桩 | $16<L\leqslant24$ | $0.125<S\leqslant0.160$ | 2 500 |
| | $24<L\leqslant28$ | $0.160<S\leqslant0.225$ | 4 000 |
| | $28<L\leqslant32$ | $0.225<S\leqslant0.250$ | 5 000 |
| | $32<L\leqslant40$ | $0.250<S\leqslant0.300$ | 7 000 |
| 钢筋混凝土管桩 | $L\leqslant25$ | Φ400 | 2 500 |
| | $L\leqslant25$ | Φ550 | 4 000 |
| | $L\leqslant25$ | Φ600 | 7 000 |
| | $L\leqslant25$ | Φ600 | 5 000 |
| | $L\leqslant25$ | Φ800 | 7 000 |
| | $L\leqslant25$ | Φ1 000 | 7 000 |
| | $L\leqslant25$ | Φ1 000 | 8 000 |

注:钻孔灌注桩工作平台按孔径 Φ≤1 000,套用锤重 1 800 kg 打桩工作平台,Φ>1 000,套用锤重 2 500 kg 打桩工作平台。

(6) 桥梁装配式支架套用万能杆件定额。

(7) 搭、拆水上工作平台定额中,已综合考虑了组装、拆卸船排及组装、拆卸打拔桩架工作内容,不得重复计算。

**例 6 - 10**　某桥梁为 10+12+10 m 三孔简支梁桥结构,桥梁基础均采用 Φ1 200 钻孔灌注桩,均为双排平行桩布置每排 5 根,桩距 200 cm,排距 200 cm 试计算支架搭设工程量。

**解**　该桥梁的基本情况分析,0 号桥台距 1 号墩 10 m,1 号墩距 2 号墩 12 m,2 号墩距 3 号桥台 10 m,即为 $L$ 的取值。双排平行桩布置,排距 200 cm,即为 $D$ 的取值。根据题意和工程量计算规则可知

(1) 每座工作平台面积:

$$A=2\times(5-1)=8 \text{ m} \quad D=2 \text{ m}$$
$$F_1=(A+6.5)\times(6.5+D)=(8+6.5)\times(6.5+2)=123.25 \text{ m}^2$$

(2) 0 号桥台~1 号桥墩,2 号桥墩~3 号桥台通道面积:

$$F_2=6.5\times[10-(6.5+2)]=9.75 \text{ m}^2$$

(3) 2 号桥墩~3 号桥墩通道面积:

$$F_2=6.5\times[12-(6.5+2)]=22.75 \text{ m}^2$$

(4) 全桥搭拆平台总面积:

$$F=123.25\times4+9.75\times2+22.75=535.25 \text{ m}^2$$

# 第十一节 装饰工程

## 一、装饰工程基础知识

装饰工程主要是指桥梁外立面的装饰工程。

### 1. 水刷石

水刷石,是一项传统的施工工艺,它能使墙面具有天然质感,而且色泽庄重美观,饰面坚固耐久,不褪色,也比较耐污染。水刷石号称"没有接缝的地板"。经过抛光打磨之后平滑如镜,经济实用。制作过程是用水泥、石屑、小石子或颜料等加水拌和,抹在建筑物的表面,半凝固后,用硬毛刷蘸水刷去表面的水泥浆而使石屑或小石子半露。

### 2. 剁斧石

一种人造石料,制作过程是用石粉、石屑、水泥等加水拌和,抹在建筑物的表面,半凝固后,用斧子剁出像经过细凿的石头那样的纹理。也叫剁假石或斩假石。

## 二、装饰工程清单编制

工程量清单项目设置、项目特征描述的内容、计量单位及工程量计算规则按照表 6-14(规范表 C.8)规定执行。

表 6-14 装饰(编码:040308)

| 项目编码 | 项目名称 | 项目特征 | 计量单位 | 工程量计算规则 | 工作内容 |
|---|---|---|---|---|---|
| 040308001 | 水泥砂浆抹面 | 1. 砂浆配合比<br>2. 部位<br>3. 厚度 | m² | 按设计图示尺寸以面积计算 | 1. 基层清理<br>2. 砂浆抹面 |
| 040308002 | 剁斧石饰面 | 1. 材料<br>2. 部位<br>3. 形式<br>4. 厚度 | | | 1. 基层清理<br>2. 饰面 |
| 040308003 | 镶贴面层 | 1. 材质<br>2. 规格<br>3. 厚度<br>4. 部位 | | | 1. 基层清理<br>2. 镶贴面层<br>3. 勾缝 |
| 040308004 | 涂料 | 1. 材料品种<br>2. 部位 | | | 1. 基层清理<br>2. 涂料涂刷 |
| 040308005 | 油漆 | 1. 材料品种<br>2. 部位<br>3. 工艺要求 | | | 1. 除锈<br>2. 刷油漆 |

如遇本清单项目缺项时,可按现行国家标准《房屋建筑与装饰工程工程量计算规范》(GB 50851)中相关项目编码列项。

### 三、装饰工程清单报价

#### 1. 装饰工程工程量计算

(1) 本章定额除金属面油漆以"吨"计算外,其余项目均按装饰面积计算。

(2) 栏板的抹灰不扣除 0.3 m² 以内的孔洞所见面积,按立面投影面积乘以 1.1 系数。

(3) 桥梁栏杆柱水泥砂浆抹面按设计图示尺寸以柱断面周长乘高度设算,套用栏杆子目。

(4) 花岗岩(大理石)镶贴块料装饰面面积按图示外围饰面面积计算。

**例 6-11**　栏板的抹灰(　　)0.3 m² 以内的孔洞所见面积,按立面投影面积乘以(　　)系数。

A. 不扣除;1.1　　B. 扣除;1.1　　C. 不扣除;1.2　　D. 扣除;1.2

**答案**　A

#### 2. 装饰工程定额应用

(1) 本章定额包括砂浆抹面、水刷石、剁斧石、拉毛、水磨石、镶贴面层、涂料、油漆等子目。

(2) 本章定额适用于桥、涵构筑物的装饰项目。

(3) 镶贴面层定额中,贴面材料与定额不同时,可以调整换算,但人工与机械台班消耗量不变。

(4) 水质涂料不分面层类别,均按本定额计算,由于涂料种类繁多,如采用其他涂料时,可以调整换算。

(5) 水泥白石子浆抹灰定额,均未包括颜料费用,如设计需要颜料调制时,应增加颜料费用。

(6) 油漆定额按手工操作计取,如采用喷漆时,应另行计算。定额中油漆种类与实际不同时,可以调整换算。

(7) 定额中均未包括施工脚手架,发生时可按《第一册通用项目》相应定额执行。

**例 6-12**　某桥侧面水刷石饰面,水泥砂浆 1:2.5,水泥白石子浆 1:2,请确定定额编号及基价。

**解**　套用 3-604

基价=5 863.23 元/100 m²

**例 6-13**　某桥台栏杆水泥砂浆抹面,换 1:2 水泥砂浆为纯白水泥浆,请确定定额编号及基价。

**解**　套用 3-602

基价=3 323.42 元/100 m²

# 参考文献

［1］中华人民共和国住房和城乡建设部.建设工程工程量清单计价规范:GB 50500—2013[S].北京:中国计划出版社,2013.

［2］中华人民共和国住房和城乡建设部.市政工程工程量计算规范:GB 50857—2013[S].北京:中国计划出版社,2013.

［3］江苏省住房和城乡建设厅.江苏省建设工程费用定额(2014)[S].南京:江苏凤凰科学技术出版社,2013.

［4］江苏省住房和城乡建设厅.江苏省市政工程计价定额(2014)[S].南京:江苏凤凰科学技术出版社,2013.

［5］郭良娟.市政工程计量与计价[M].北京:北京大学出版社,2017.

［6］王云江.市政工程预算快速入门与技巧[M].中国建筑工业出版社,2014.

［7］王云江.市政工程概论[M].北京:中国建筑工业出版社,2020.

［8］陈爱莲.市政工程工程量清单计价编制与典型实例应用图解[M].北京:中国建筑工业出版社,2014.

［9］杜贵成.市政工程工程量清单计价编制与实例[M].北京:机械工业出版社,2019.